# 智能服饰品
# 设计创意与表现

王葎菲◎著

中国纺织出版社有限公司

# 内 容 提 要

本书基于服饰品创新设计视角，以时尚性与智能性结合为重点，从多方面讨论智能服饰品设计创意内涵、特点及发展趋势，智能服饰品设计创意表现形式，结合案例介绍智能服饰品设计的理论与方法。本书包括智能时代、智能服饰品、服饰品智能性设计与表现、服饰品设计创意智能化、服饰品智能制造与营销五章，图文并茂，内容丰富全面，具有较高的学习和研究价值，不仅适合高等院校服装服饰专业师生学习，也可供智能可穿戴相关研究者、行业从业人员及爱好者参考使用。

## 图书在版编目（CIP）数据

智能服饰品设计创意与表现 / 王葇菲著 . -- 北京：
中国纺织出版社有限公司，2024. 12. -- ISBN 978-7
-5229-2363-5

Ⅰ . TS941. 2

中国国家版本馆 CIP 数据核字第 20248HP411 号

---

责任编辑：李春奕　　责任校对：高　涵　　责任印制：王艳丽

---

中国纺织出版社有限公司出版发行

地址：北京市朝阳区百子湾东里A407号楼　邮政编码：100124

销售电话：010—67004422　传真：010—87155801

http://www.c-textilep.com

中国纺织出版社天猫旗舰店

官方微博http://weibo.com/2119887771

北京通天印刷有限责任公司印刷　各地新华书店经销

2024年12月第1版第1次印刷

开本：787×1092　1/16　印张：9.5

字数：180千字　定价：69.80元

---

# 序 一

　　我深感荣幸能为这本充满创意与深度的《智能服饰品设计与表现》著作写序。王葎菲是一位在智能设计与时尚创意领域卓有成就的研究者，同时也是我多年的同事和好友。在多次的交流中，我深切感受到他对跨学科融合设计的敏锐洞察，以及致力于推动智能技术与服饰品设计结合的坚定决心。

　　本书以时尚与科技融合为核心，系统地梳理了智能服饰品设计的理论与实践。其独特之处在于不仅关注智能技术的应用，还通过翔实的案例和图文并茂的表达，揭示了智能服饰品设计从创意构思到实际表现的全过程。书中分为五章，从智能时代的背景入手，深入探讨智能服饰品的内涵、技术材料、创意表达以及产业化路径，提供了既有理论深度又具操作性的指导。

　　对于从事服饰品设计、智能可穿戴研究的读者而言，本书是一本有价值的参考资料。作者在书中以开放的视角展现了时尚与智能结合的无限可能，也为行业未来的发展指明了方向。我相信这本书将为学术界和业界带来重要启发，并成为智能服饰设计领域的重要成果。

彭敏晶

五邑大学经济管理学院院长，教授，博士

2024 年 8 月

# 序 二

在智能科技深刻改变生活方式的今天，服饰品作为人类文化与技术交汇的独特载体，正迎来前所未有的革新机遇。作者以敏锐的学术视角和深厚的研究积累，将时尚与智能相结合，探讨智能服饰品设计的创意内涵与表现形式，为这一新兴领域提供了丰富而系统的理论支持与实践指导。

本书深刻剖析了智能服饰品设计的特点与发展趋势，并以图文并茂的方式展示了这一领域的前沿案例与创新方法，内容结构严谨，体系完整。作者的研究无疑体现了学术洞察力与实践敏感度，为智能服饰品设计的未来发展做出了有益探索。

本书的出版既是学术成果的展示，也为行业发展注入了新的动能，能够启发相关领域的研究者和从业者，为读者带来新的思考与启示。

陈振益

五邑大学艺术与设计学院教授，设计学博士

2024 年 9 月

科技发展日新月异，正在改变我们的生活，智能服饰品设计研发作为时尚与科技交融的热点受到关注，是服饰品设计研发工作的创新与拓展，是人们对美好未来生活方式的前瞻性探索。随着《进一步提高产品、工程和服务质量行动方案（2022—2025年）》《数字化助力消费品工业"三品"行动方案（2022—2025年）》《中国服装行业"十四五"发展指导意见和2035年远景目标》系列方案的出台，国家从多角度鼓励智能服饰行业的创新与发展，呈现良好广阔的发展前景。

智能服饰品设计融合了时尚创意、科技研发多个学科的知识，对设计师的综合素质提出了更高的要求。本书结合大量实例分析，从设计创意的角度展示智能服饰品设计的多样化表现形式，讨论智能服饰品的定义和发展，材料与技术的应用，时尚性与智能性融合共存，以及智能服饰品设计的理念、原则、流程、创意、方法和实践，适合服装与服饰、箱包、鞋靴、首饰等相关专业领域大学生、设计师、从业人员参考阅读。

著 者

2024年2月

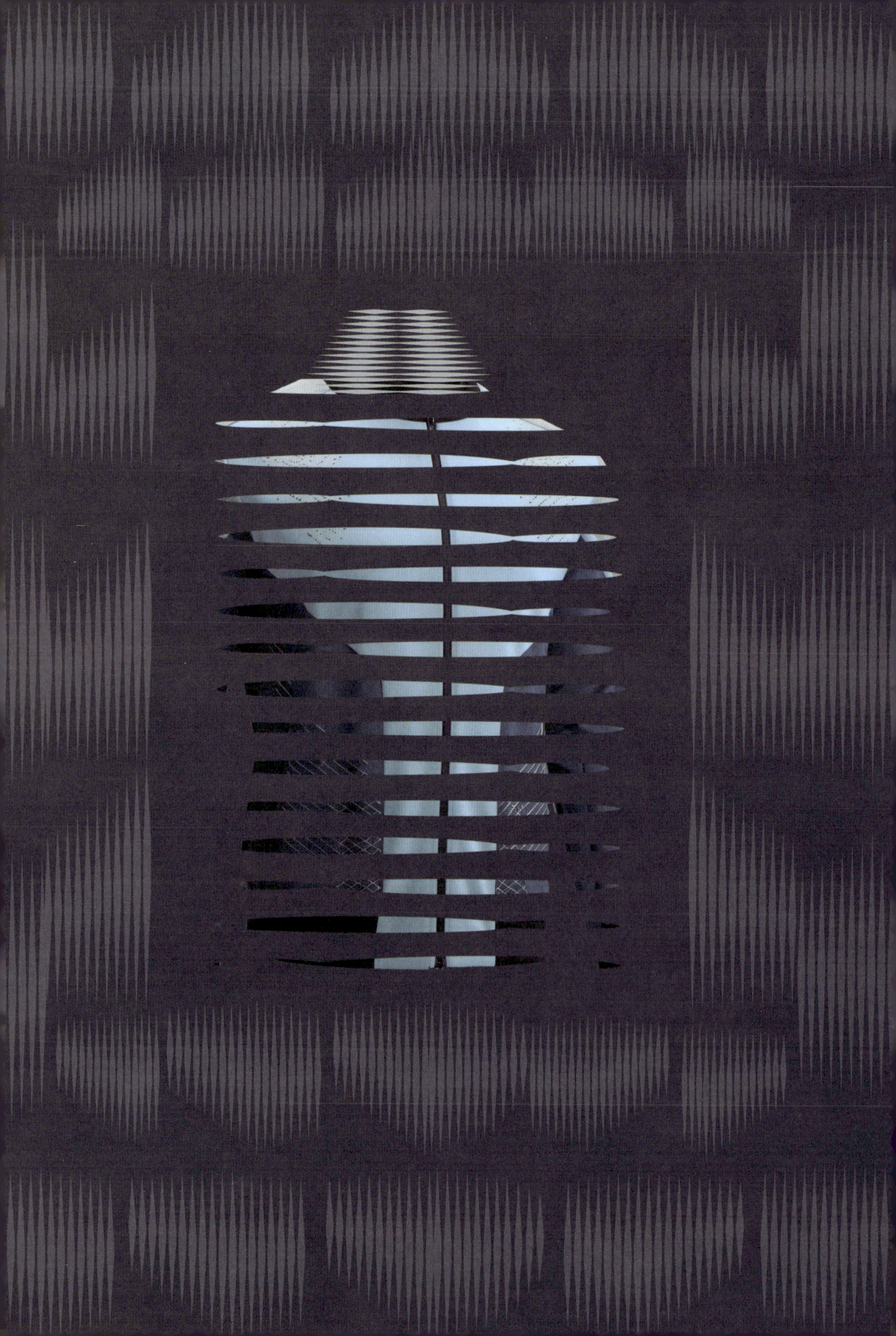

第一章

智能时代

从万物互联到万物智能，智能技术在各个行业中得到广泛应用，数智化的发展越来越强调科技与整个经济、文化、工业化环境以及社会系统的深度融合。近年来，以 ChatGPT 为代表的人工智能（AI）大语言模型，以 Stable Duffision、DALL·E2 为代表的文生图模型，以 Sora 为代表的人工智能文生视频大模型等，带来了传统工业设计方法工具和流程的新变革。❶ 新的科技大潮促进产业结构持续升级，使智能化成为产业发展的新动能，有助于促进扩大需求，提高生产效率和质量，降低成本，提高企业的竞争力，驱动经济发展。在服饰品方面，舒适性、（基础）功能性、审美性、智能性兼容的产品成为潮流趋势。在服饰品设计研发方面，人工智能技术逐渐渗透在各个关键环节，传统服饰品设计活动中的设计协作者、设计对象、设计流程及设计评价方式正在发生变化，新的设计生产资料、设计生产工具和设计生产力逐步形成。当前是智能化快速发展的时代，智能化提高了便利性和舒适度等生活品质，正在引发链式突破，引领世界的深刻变革。

# 第一节　关于智能

## 一、人类智能

智慧指人类基于神经器官的高级综合能力，涵盖感知、记忆、逻辑、情感、文化认同；智能多指计算机技术和人工智能的应用，强调自动化、自学习和自组织能力。智慧是从内在理解和掌握知识，智能更多地依赖外部工具和技术。部分学者认为人的智慧与能力称为智能，一部分中国古代思想家把智与能看作两个相对独立的概念，另一部分思想家把二者结合起来作为一个整体。人类智能指人类认识世界和改造世界的才智和能力，包括人的高度抽象思维和创造性思维能力，如判断、认知、思维、记忆、推理、语言、学习、创造等，这些能力支持人类在生产生活中针对具体环境、事件的刺激与情况做出主动改造行为，支持人类解决不同环境和情境中存在的各种问题，创造出各种文化和科技成果。钟义信认为智能是在主体与客体相互作用的演进过程中，为了实现主体"更好地生存与发展"的目的而不断演化出

❶ 罗仕鉴，王瑶. 智能制造时代下的设计建构论［J］. 机械设计，2023，40（11）：141-146.

来的"运用知识去发现问题和解决问题"的能力。❶杨学山总结智能的传统定义为适应、改变、选择环境的能力，并在《智能原理》一书中定义智能为主体适应、改变、选择环境的各类行为能力。这里的主体包括生物体和非生物体。❷

人类智能的形式包含但不限于以下内容：语言表达和理解方面的能力，如阅读、写作、口语表达的语言智能；空间感知和处理方面的能力，如图形思维、空间想象、方向感的空间智能；数学计算和推理方面的能力，如数学思维、逻辑推理、数学运算的数学智能；身体运动和协调方面的能力，如运动技能、协调能力、灵活性的身体运动智能；音乐表达和理解方面的能力，如音乐感知、音乐创作、音乐表演的音乐智能等；对自己的认知和理解能力，如自我意识、情绪管理、自我评价的自我认知智能。

智能的六个发展阶段依次为单细胞生物、神经系统和脑、语言和文字、计算工具和数字设备、自动化和智能系统、非生物智能体（图1-1）。今天，前五个阶段已经发生，六阶段正在往前走，但是一个也没有发生。

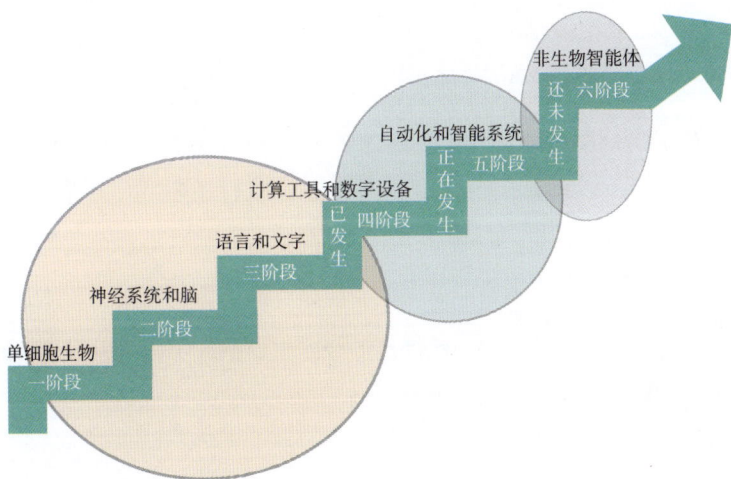

图1-1 智能的六个发展阶段

从生理结构来看，人的左脑主要从事逻辑思维，具有语言功能，擅长逻辑推理；人的右脑主管形象思维，负责知觉、灵感、想象等感性认知。人类智能由大脑神经元的复杂连接和交互产生，同时受到遗传和环境的影响，长期处于进化状态。例如，脑机互联是智能化进程中快速发展的一个前沿科技领域，核心在于创建一条能够使大脑与外部设备进行信息交换的

---

❶ 钟义信. 关于"智能学科"的战略思考［J］. 计算机教育，2018（10）：4-7.
❷ CIO时代APP编辑部，杨学山. 深度解读《智能原理》——"智能"是什么？从哪里来？要到哪里去？［J］. 信息化建设，2018（5）：46-47.

通路，用户可以利用思维控制机器、电脑、假肢或其他设备，支持残障人士恢复运动能力或提高人类的工作效率（图1-2）。智能发展进化是指一个智能主体在其生命周期内影响智能变化的所有行为。从智能发展的目的来看，也可以称为智能主体解决问题能力的提升。

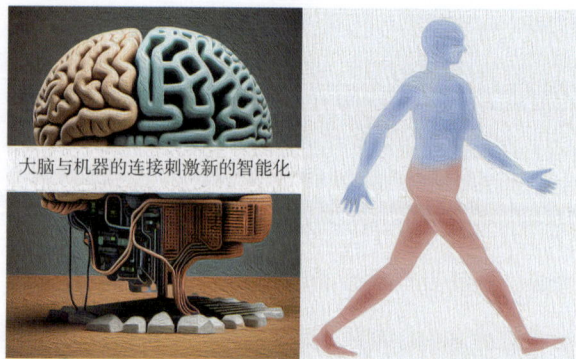

大脑与机器的连接刺激新的智能化

图 1-2　脑机互联与智能进化概念图示（AI 生成）

## 二、人类智能之外的智能

### （一）非人类智能、类人类智能、人工智能

非人类智能主要是指除了人类以外的生物表现出的智能行为，如动物的学习和认知能力。这种智能通常通过动物的行为表现出来，如解决问题的能力、认知力和预测力等。类人类智能是指模仿或类似于人类的智能，包括语言能力、逻辑数学能力、空间能力等人类具有的智能，人工智能领域中的许多研究都是为了使机器能够模拟这些智能表现。人工智能是由人造系统表现出的智能，它依赖于计算机程序和算法来执行任务。人工智能可以模拟某些人类行为，如语音识别和图像处理，但通常缺乏人类的情感、创造力和直觉等特质。非人类智能主要体现在其他生物上，类人类智能是人工智能研究的目标，而人工智能是由人类创造的具有特定智能表现的机器或系统。本书所涉及的智能主要指人工智能，另有涉及的非人类智能、类人类智能词语皆是在人工智能领域展开的。

### （二）人工智能的发展

类（非）人类智能是指显现出一些人类智能性特质，但不足以被视为人类智能的任何实体（系统）。在不同语境下，该词有不同含义。它既可以指具备与人类相似的思考、情感或认知能力的生物，也可以指已发展出一定类（非）人类智慧的对象、载体或系统，如机器人或车辆（图1-3）。

当前类人类智能主要是指人工智能在模仿、学习和应用人类智能方面的技术和能力。基于算力和逻辑、结构和功能、数据和概率、学习能力、社会影响、类

图 1-3　会"思考"的智能汽车（AI 生成）

器官智能等角度，在理解、推理、学习和解决问题等方面的能力，基于上述能力，执行通常需要人类智能承担的各项任务。类人类（人工）智能主要关注的是把人类"解决问题"的能力在机器或系统上体现出来，以便人类能够更好地集中精力提升自己"发现问题"的能力。随着技术的进步，人工智能在某些方面已经达到甚至超过人类的表现，但仍然无法完全复制人类的智能和意识。随着研究的深入和技术的创新，类人类（人工）智能有望在更多领域实现突破，并与人类社会形成更紧密的联系。运用科技进步的成果，实现人类智能的部分能力，类人类（人工）智能不断进阶，帮助人类从自然力的束缚下获得解放，这是历史发展的必然结果。

### （三）世纪讨论：人工智能取代人类智能

美国未来学家雷蒙德·库兹韦尔（Raymond Kurzweil）于2005年提出人工智能奇点理论，认为人工智能以逻辑数据算法为基础的持续发展，将在未来某个时刻诞生一个奇点，形成某种程度上不受人类控制的主动性算法与决策能力，从形式上呈现为电脑智能与人脑智能兼容的那个神妙时刻，而类人类大脑会发展成什么样子，随即成为一个有趣的话题（图1-4）。

人类具有"否思"的思想品质，也就是说，人类在认知、映射、表述、确认"诸世界"的过程中，不仅能够说出诸世界"是"什么，还能从"不是"的视角出发，换一种方向以全新

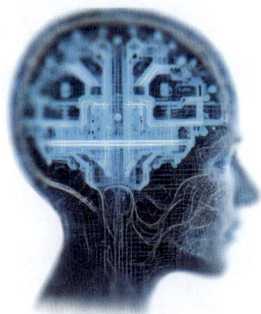

图1-4 类人类大脑会发展成什么样子（AI生成）

的视角认知、映射、表述、确认"诸世界"。这种"否思"的品质，与前文所述的人类特有的"反思性"和"自我意识"是密不可分的。❶自人类诞生以来，工具的制造和使用一直不断发展、不断革新。人类社会历史上出现的四次科技革命改变了社会发展的图景，但归根结底是人类运用工具的技能在不断增强。当今社会的各种智能化机器（系统）依然是人类使用的一种特殊工具，正因为对工具的不断创造和运用，人类才从远古时代一路走到今天。❷可以设想一下，如果类（非）人类智能系统能够模拟或替代人类智能，用逻辑电路模拟人类的逻辑推理，用计算机模拟人类的数学运算，用传感器模拟人类的感官并对外界信息进行数字化处理，用程序设计模拟人类的决策和行动，用互联网模拟人类的思想和语言交流，我们就会发现这些内容对应的都是人类左脑的功能。从这个意义上可以说，当前的类人类（人工）智能是人

---

❶ 姜华. 从辛弃疾到GPT：人工智能对人类知识生产格局的重塑及其效应[J]. 南京社会科学，2023（4）：135-145.

❷ 孙会. 人类会被人工智能取代吗？——模仿、理解与智能[J]. 中国矿业大学学报（社会科学版），2021，23（3）：140-150.

类左脑思维的人工化。大连理工大学哲学系王前教授认为类人类（人工）智能的所谓创造与人类在本质上是完全不同的，人类才是真正有创造力的。类（非）人类智能系统在一定程度上可以模拟人类的情感、意向、决策过程，但是，"用心"思考的知情意有机统一的整体思维特征，是类（非）人类智能系统无法完全模拟和替代的。❶ 人类只是希望人工智能可以帮助自己更快捷、更舒适、更高效地生活和工作，而不是复制一个和自己一模一样的机器人。此外，技术方面存在的一个事实是：人脑中的神经元数量之庞大、结构之复杂，是当前乃至今后的技术都难以实现的。由此可见，当前很多关于机器代替人类，甚至控制人类的忧虑是不必要的。❷ 综上可知，人类独有的创造力和想象力是区分人机（系统）的重要界限，另外，社会和经济结构会对类（非）人类智能取代人类智能的可能性施加限制。由于人类智能的复杂性，以及类（非）人类智能自身的局限性，类（非）人类智能目前还不能完全取代人类智能，在可预见的未来，人类智能仍将在多个领域保持其独特和不可替代的地位。

# 第二节　智能的迭代与革新

## 一、从功能到智能——功能性与智能性的异同

功能性和智能性是两个不同的概念。功能性是指系统的功能和用途，指某个事物或系统所能实现的目的、作用或能力，以及产品和服务对用户需求的满足程度。不同的领域对功能的定义和范围可能有所不同，如系统或设备具有特定的功能或用途，能够完成特定的任务或满足特定的需求。功能是衡量事物价值和实用性的重要指标之一，如手机的功能包括通话、发短信、上网、拍照等，这些功能都是为了满足用户的需求而设计的。1982年，美国联邦最高法院的伍德（Inwood）案，围绕实用功能性规则进行了阐述：通常情况下，如果某一产品特征对该产品的使用或者达成产品目的来说是不可或缺的，或者会影响该产品的成本或质量，则该特征是具有功能性的。凡是满足使用者需求的任何一种属性都可被纳入功能性，现实需求、潜在需求的满足都是功能性的体现。功能作为满足需求的属性，包括客观物质性和主观精神性两方面，称为功能的二重性。功能大致可分为使用功能、品位功能、必要

❶ 王前，张媛媛. 人工智能将来会"用心"思考吗？[J]. 自然辩证法通讯，2020，42（6）：108-114.
❷ 孙会. 人类会被人工智能取代吗？——模仿、理解与智能[J]. 中国矿业大学学报（社会科学版），2021，23（3）：140-150.

功能、不必要功能、不足功能、过剩功能、基本功能和辅助功能。从狭义的产品研发角度来看，任何产品的创新研发都要考虑其功能性，根据收集的情报资料，透过对象产品或零件的物理特性或现象，找出其功能的本质。功能定义的目的是确定功能构成，为功能评价奠定基础，为构思创新方案创造条件。

智能性是指系统或设备具有智能化的能力，能够自主地进行学习、推理、决策和交互等活动，以达到更高效、更智能的目的。智能化的系统通常具有自适应性、自我修复性、自我优化性等特点。智能性包含产品、系统和服务具备的自主、自适应、自我优化、自我学习、自我决策能力，如智能音箱具有语音识别、语音合成、图像识别和人机交互能力。

消费者、使用者往往无法分辨哪些是功能性，哪些是智能性。目前，市面上一些产品只是简单地集成了一些传感器、芯片等硬件设备，并通过一些简单的算法来实现某类功能，如语音识别、图像识别，它们都被称为智能产品，但实际上与理论意义上的智能概念还存在很大的差距。还有一些智能产品大多只是在单一领域内实现了一定的智能化，如智能家居、智能穿戴等，但在跨领域的、广义的智能应用上还有很大的提升空间。

从形式上看，功能性与智能性区别于其实现方式，功能性是通过开发相应的技术和功能模块来实现的，如为了设计一个浏览器，需要开发访问网页的引擎和渲染器等技术模块。智能性需要更高层次的技术支持，在基础硬件和软件平台的基础上，通过深度学习、自然语言处理等智能化技术实现，其关键在于多种可能、读取数据、分析数据、主动决策。功能和智能的储存方式也存在区别，功能一般以静态的数据结构的方式储存，其数据不随时间、环境变化而变化。智能以动态的数据结构及相关的算法方式储存，其数据会随着时间、环境的变化而发生变化。功能和智能都是为用户提供高质量服务的手段，但其本质上是不同的，功能是对具体需求的回应，而智能是对复杂、晦涩难懂的需求的全新解决方案（图1-5）。

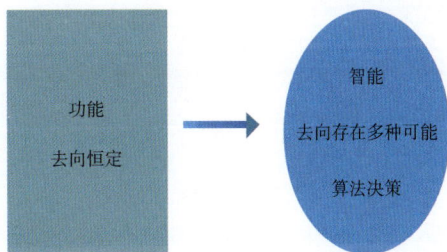

图1-5　从功能到智能

## 二、持续智能化——科技与材料的创新驱动未来

以人类智能状态为参照的现代类人类智能，是指具有类似人类智慧和思维能力的机器或系统，当前主要指人工智能，通过学习、推理、感知、理解、判断、决策等方式完成各种任务，如语音识别、图像识别、自然语言处理、机器翻译、智能推荐、自动驾驶等。类人类

（人工）智能革命是材料与科技的创新，包括以机器学习、深度学习、神经网络等为代表的相关技术，持续驱动社会的全面变革。人工智能革命对人类社会的科技化、产业化、社会化乃至人性都产生了深刻的影响，不断形成覆盖全社会的影响力，具有"三位一体"的特点。人类的深度科技化与这三个方面相互作用、共同演化，呈现不可逆转趋势，其发展速度和最终形态难以预测，因而带来许多未知的变化和可能性。持续智能化成为推动社会进步和经济发展的重要力量，深刻改变人们的生活和工作方式（图1-6）。

图1-6　现代智能改变人们的日常生活（AI生成）

材料、科技与人类的互动进化支撑智能化相关主要逻辑特征的持续迭代，包括容错、语义、规范、结构、有限、具体、叠加、递减、融通、链接，支撑类人类智能逻辑能力的持续迭代，包括自动化方面的逻辑能力、学习方面的逻辑能力、推理方面的逻辑能力、语言理解方面的逻辑能力、意图识别方面的逻辑能力、决策方面的逻辑能力、自适应性方面的逻辑能力、知识表示方面的逻辑能力、问题解决方面的逻辑能力、模式识别方面的逻辑能力。

材料与科技的不断创新是关键因素，当前智能相关新材料多指能感知外部刺激、能判断并适当处理且本身可执行的新型功能材料。智能材料是继天然材料、合成高分子材料、人造材料之后的第四代材料，是现代高技术新材料发展的重要方向之一。新材料的研发和应用是推动智能化革命的关键因素。

现代类人类（人工）智能化以新技术、新材料的持续创新、突破为契机，持续升级各项能力。类人类智能学习能力涉及学习算法、数据挖掘、人工神经网络等技术，用于训练非人类智能装置进行自主学习和决策。自然语言处理能力涉及语音识别、文本分析、机器翻译等技术，便于机器理解和处理自然语言。计算机视觉能力涉及图像处理、模式识别、目标检测等技术，便于机器理解和处理图像和视频。人机交互能力涉及人机界面设计、智能交互、虚拟现实等技术，便于人与机器进行更加自然和高效的交互。智能控制能力涉及自动化控制、智能优化、智能决策等技术，支撑机器（系统）自主控制和优化运行。

现代类人类（人工）智能化是相对概念，不同时代对智能化的理解也在不断变化。新技术、新材料不断迭代旧格局，一段时间内具备创新性、革命性的技术、材料与事件，随着时间的推移而逐渐弱化，成为时代的代表、过去的痕迹，当前我们所谈的现代智能，若干时间后必将成为过时的代表。

　　持续的竞争与压力带来持续的革新与进步。开放共享与协同集成创新互促互进，坚持开放共享的原则实现高质量发展，通过协同集成创新发挥各企业，尤其是超大制造型企业的应用场景规模优势。有效推动产学研用结合，促进知识和技术流动与应用。教育体系不断改革优化，致力培养具有创新能力和跨学科知识的人才，支撑未来科技和材料创新的发展。政策支持及国际合作对推动智能化革命至关重要，有利于加快技术创新和科技进步，增加与其他国家合作交流的机会，加速科技成果的转化和应用。

## 三、智能化进程简述

### （一）事件与案例

　　类人类（人工）智能革命在各个领域展现出强大的影响力，带来生产效率的进一步提升和产业结构的根本变革。智能化发展趋势迅猛，在这个风云变幻、日新月异的大潮中涌现诸多关键人物与事件。以达特茅斯会议（Dartmouth Conference）的召开及"人工智能"概念的提出为标志，通常认为1956年是人工智能元年，可以视作智能时代到来的开端（图1-7）。

图1-7　1956年达特茅斯会议

　　1966年，伊丽莎（Eliza）问答机器人被视为第一个成功的人工智能程序，能够模拟人类对话。MYCIN是由美国斯坦福大学研制的用于细菌感染患者诊断和治疗的专家系统，于1974年开始用于诊断和治疗感染病。1981年国际商业机器公司（IBM）领衔推动的个人电脑的普及为人工智能的发展提供了更广泛的平台。1997年，IBM深蓝战胜国际象棋世界冠军，首次实现人工智能在复杂的游戏中战胜人类。2011年，IBM智能助手"沃森"（Watson）战胜美国的智力大赛冠军，实现第一次人工智能在知识问答领域战胜人类。2012年，谷歌的阿尔法围棋（AlphaGo）战胜围棋世界冠军，实现第一次人工智能在围棋领域战胜人类。2016年，谷歌的阿尔法狗进化版（AlphaGo Zero）成为第一个完全自主学习的人工智能系统，不需要人类干预实现自我学习和提高。美国OpenAI公司于2022年11月30日发布的聊天机器人程序ChatGPT（Chat Generative Pre-trained Transformer），是人工智能技术驱动的自然语言处理工具，它能够通过理解和学习人类的语言进行对话，还能根据聊天的上下文进行互动，真正像人类一样聊天交流，甚至能完成撰写邮件、视频脚本、文案、翻译、代码和辅助撰写等任务。2023年6月，苹果公司（Apple）推出了全新的混合现实（MR）头显 VisionPro 和配套的操作系统 xrOS，为用户带来更加丰富、沉浸式的体验。同时，苹果公司更新了其旗下 iOS、iPadOS、macOS、watchOS 等多个系统，推出了更加丰富、智能化的功能和应用程序。这些新功能和新设备，让用户可以更加便捷地管理、操作和享受自己的数字化设备，让未来智能数字化生活更加丰富多彩。

### （二）卓越人物

在智能化发展大潮中，新材料、新技术、新系统等多个领域涌现出大量作出卓越贡献的人物。约翰·麦卡锡（John McCarthy，1927—2011）因在1956年的达特茅斯会议上提出了"人工智能"概念而被称为"人工智能之父"，1971年获得计算机领域的国际最高奖项——图灵奖（图1-8）。

斯坦福大学计算机科学系教授吴恩达（Andrew Ng）、科学家李飞飞（Fei-Fei Li）以及多伦多大学教授杰弗里·辛顿（Geoffrey Hinton）都是著名的人工智能专家，他们在机器学习、深度学习、自然语言处理、计算机视觉、机器学习、图像识别等领域都作出了卓越的贡献。数据科

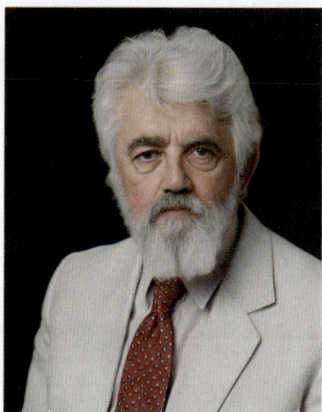

图 1-8　约翰·麦卡锡

学家 D. J. 帕特里（D. J. Patil）与希拉里·梅森（Hilary Mason）等长期致力数据科学和人工智能的研究。机器学习专家杨立昆（Yann LeCun）长期从事卷积神经网络（CNNs）开发方面的工作，该网络现被广泛用于图像和语音识别。人机交互专家杰弗里·希尔（Jeffrey Heer）是斯坦福大学计算机科学系教授，在可视化、人机交互和计算机图形学等研究方面取得卓越成就。人机交互专家本·施奈德曼（Ben Shneiderman）是马里兰大学计算机科学系教授，是人机交互领域的先驱之一，提出了信息可视化的概念，并开发了许多可视化工具，其提出的信息可视化八个原则被广泛应用于可视化设计。彼得·绍尔（Peter Shor）、赛斯·劳埃德（Seth Lloyd）和斯科特·阿伦森（Scott Aaronson）都是著名的量子计算专家，研究涉及量子计算、量子通信、量子纠缠等方面。区块链专家维塔利克·布特林（Vitalik Buterin）、安德烈亚斯·安东诺普洛斯（Andreas Antonopoulos）在该领域提出很多创新创意并开展创新实践。机器人技术专家罗德尼·布鲁克斯（Rodney Brooks）重点研究机器人的感知和控制，开发了一种名为"行为式机器人学"的方法，使机器人能够更好地适应复杂的环境和任务。石黑浩（Hiroshi Ishiguro）是一位日本机器人技术专家，研究重点是人形机器人和社交机器人，开发了一系列高度逼真的人形机器人，包括他自己的机器人复制品。他的

研究旨在探索人类与机器人之间的交互和沟通，以及机器人在社交和情感方面的潜力。杰伦·拉尼尔（Jaron Lanier）是虚拟现实的先驱之一，他在20世纪80年代就开始研究虚拟现实技术，并在20世纪90年代初创立了虚拟现实公司VPL Research。Oculus VR公司是一家成立于2012年的美国虚拟现实技术公司，帕尔默·勒基（Palmer Luckey）是它的创始人之一，该公司是虚拟现实头戴式显示器的领先制造商。马克·博拉斯（Mark Bolas）是加州大学洛杉矶分校的虚拟现实教授，他在20世纪90年代就开始研究虚拟现实技术，并在2002年创立了虚拟现实实验室。沃纳·威格尔（Werner Vogels）和安迪·杰希（Andy Jassy）都是云计算领域的专家，他们分别担任亚马逊公司的首席技术官和首席执行官（CEO），在云计算领域的贡献和影响力被广泛认可。沃纳·威格尔负责亚马逊的技术战略和创新，曾经在荷兰阿姆斯特丹大学担任计算机科学系教授，在云计算领域的研究和实践经验丰富，是云计算领域的重要思想领袖之一。安迪·杰希负责亚马逊的全球云计算业务，在云计算领域的经验丰富、影响力深远，曾经在亚马逊的云计算部门担任高级副总裁，领导了亚马逊云计算服务的发展和壮大，他的管理和创新精神使亚马逊云成为全球领先的云计算服务提供商之一。黄仁勋（Jensen Huang）是全球知名的图形处理器设计生产商英伟达（NVIDIA）的创始人兼首席执行官。于1993年创立英伟达，并在1999年带领公司上市。黄仁勋不仅对半导体行业有深远影响，也是CUDA和GPGPU计算的开发者，因其在科技领域的突出贡献，2023年被评为全球AI领袖。陶肖明是香港理工大学纺织及制衣学系教授、智能可穿戴系统研究院院长，在纺织服装科学技术、智能纤维材料、纳米技术、光子纤维和织物、柔性电子和光子设备、智能可穿戴技术等方面有深入研究。

### （三）机构与企业

21世纪以来，诸多科技公司从不同维度推进了全球智能化，谷歌（Google）是全球最大的搜索引擎之一，也是人工智能和机器学习领域的领导者，谷歌智能助手（Google Assistant）和智能家居平台（Google Home）已经成为智能时代的代表。亚马逊（Amazon）是全球最大的在线零售商之一，也是智能家居领域的领导者。亚马逊的智能助手Alexa和智能音箱Echo已经成为智能时代的代表。苹果公司是著名科技公司之一，也是智能手机和智能手表领域的领导者，苹果智能助手（Apple Siri）和苹果智能手表（Apple Watch）已经成为智能时代的标志性产品。微软（Microsoft）是全球最大的软件公司之一，也是人工智能和机器学习领域的领导者。微软的智能助手"小娜"（Cortana）和微软智能办公软件（Microsoft 365）已经成为智能时代的代表。IBM是全球最大的信息技术公司之一，也是人工智能和机器学习领域的领导者。IBM智能助手"沃森"和IBM智能分析软件（IBM Analytics）已经成为智能时代的代表。英伟达是一家以设计显示芯片及主板芯片组为主的人工智能计算公司，其硬件产品涵盖了游戏和娱乐、笔记本电脑和工作站、云和数据中心、网络、图形处理器（GPU）和嵌入式系统五大板块；其软件产品包括应用框架、应用和工具、游戏和创作、基础架构和云服务等，在人工智能计算领域，英伟达的影响力可谓深远。

## 四、新时期社会发展与全面智能化

### （一）从自动化到智能化

自动化可以追溯到18世纪末，进入快速发展时期是在20世纪后半叶。1788年，英国机械师詹姆斯·瓦特（James Watt）创新应用离心式调速器，这是蒸汽机转速闭环自动控制系统的一个里程碑。现代控制理论的雏形出现在19世纪中期，随着电气设备的大规模运用，在模拟信号控制领域取得长足发展。1946年，美国福特公司首次使用"自动化"一词来描述生产过程的自动操作，并在1947年建立了第一个生产自动化研究部门。20世纪50—60年代，现代控制理论如极大值原理、动态规划和状态空间法等开始出现，并伴随着模式识别和人工智能的发展。从20世纪70年代开始，随着计算机技术和大规模集成电路技术的普及，自动化控制技术进入快速发展阶段。目前，自动化已成为许多行业中不可或缺的一部分，改变了生活和工作方式，对经济和社会发展产生了深远影响。

智能化和自动化都是现代制造业的重要发展方向，二者有相同点，但更多的是不同点。相同点在于二者都是通过技术手段提高生产效率和质量，都可以降低人力成本，都可以提高生产过程的安全性和稳定性。自动化和智能化都需要使用先进的技术和设备来实现，如机器人、传感器、控制系统等。不同点在于自动化是通过机械、电子、计算机等技术手段，使生产过程实现自动化，减少人工干预，提高生产效率和质量。智能化是在自动化的基础上，通过人工智能、大数据等技术手段，使生产过程更加智能化，能够自主学习、自主决策。自动化更注重生产效率和质量的提高，而智能化更注重生产过程的智能性和自主性。自动化技术相对成熟，应用广泛，智能化技术还处于发展初期，应用范围有待逐步扩展。智能化是自动化的升级版，是未来生产发展的趋势。

### （二）智能化是新时期转型升级的重要路径

在全面深化改革开放，进一步提振发展信心，增强经济活力，以更大力度办教育、兴科技、育人才的发展背景下，依托新材料、新技术、新结构的发展新模态正在建立。战略咨询研究者王志纲认为现在面临的不是简单的繁荣或者衰退，而是一场内外部同时发生的深度结构性调整，这种结构性的变化既受制于世界宏观环境变化的大逻辑，也受制于中国经济发展的内生性逻辑。从外部宏观环境来看，美国遏制中国的政策初显成效，地缘政治、经济周期的不确定性，技术制裁、贸易壁垒的持续影响，深刻重塑着全球产业链结构和商业规则。与此同时，中国正在探索一条对外开放的新路，结构性机遇蕴藏其间。有人叫苦连天，有人高歌猛进，有人楼塌了，有人起高楼。以房地产为例，志纲智库首席专家王志纲认为那些啼饥号寒、纷纷躺平的老板们，绝大多数都是旧经济的从业者或依附者；新经济的从业者们忙得甚至来不及发表感想。内外部同时出现的结构性变化，归根结底都指向一个事实：中国正处于上、下半场转型的关键阶段。当前中国的外贸出口从过去简单的衣服鞋帽转变为科技含量极高的机电产品和光伏产品。繁忙的中欧班列见证着以中国为主导的全新贸易结构正在崛起，能够把握这一机遇的企业将迎来全新的发展机遇。那些既不想迁走又不能杀出重围的"麻雀"，只好选择第三条路，彻底被时代抛弃，这正是目前很多人面临的尴尬处境。抓住机遇的企业在环境倒逼下勤练内功，在未来产业的前沿技术、核心技术与产业生态方面下大力气创新，最终成了"凤凰"。从"麻雀"到"凤凰"的蜕变，是充满痛苦的涅槃重生之路，但同样是转型升级的必由之路。当前时代呈现出非常重要的结构性变化，这一趋势可概括总结为"四新"，即新基建、新能源、新智造、新消费。王志纲认为智能化和大数据对各行各业的赋能植入都可以称为新基建。当下最热门的5G、大数据、人工智能、工业互联网等多个前沿技术领域，都属于新基建的范畴。尤其是人工智能，2023年可以说是人工智能新时代变革元年，这场伟大而深刻的社会变革，将比一个半世纪前发生的工业革命带来的影响更宏大、深远。对制造业来说，能否赶上这一波智能化浪潮，很可能是决定其未来生死的关键。现在很多人认为机器手臂、无人工厂、黑灯工厂就是智能制造的"代表"，实际上这是非常片面的认知。智能制造其实是一项系统工程，必须从产品研发、产品设计、工艺设计、生产过程管理、生产交付、运行维护等方面提高智能化水平，只有提升了决策层、管理层、研发层的智能化水平，才算是货真价实的智能制造。面向未来，新智造是制造业发展的必由之路，是从"头脑"到"四肢"全方面的转型升级，不是一朝一夕就能够完成的，需要企业长期投入和坚持。未来的商业创新不再是讲故事、编概念的玩法，关键是有没有锚定消费群体，能不能真正贴近消费者，尊重商业规律。以服饰品牌希音（SHEIN）为例，希音最强大的核心竞争力其实就是对供应链的高效重组和强大的数字化能力，使其做到了极致的"快"，能够迅速匹配潮流的转变，实现从用户到生产端的反向定制。希音成功的背后，是珠三角40年打造出的世界最强大供应链的支撑，以及大数据和智能化在商业实践上的应用，这是一个很有认识价值的案例。新消费的另一个规律，是消费重心将不断从商品消费向服务消费转移，伴随交通条件改善和数字化时代的到来，人才、资金、技术等高级生产要素的自由流动将成为现实，不局限于固定办公场地的数字游民大规模出现。与此同时，衣食住行、教育医疗、文旅康养等生活要素的流动，同样蕴含着巨大的红利。这种红利，总结为三"生"有幸，即生意、生活、生命三者的统一：在生意上分工协作，在生活上丰富多彩，最终为生命创造价值。大健康、文化旅游、体育休闲、美丽经济、银发经济等领域蕴藏着巨大商机。

### （三）智能化带来社会全面发展

人工智能、5G、物联网、数字孪生、云计算、新材料等相关技术智能概念互相渗透，形成叠加效应，推动万物互联（Internet of Things）迈向万物智能（Intelligence of Everything），进一步推动了智能时代的到来。

当前，智能化主要指通过智能材料、智能系统、物联网、大数据等技术手段，使设备、系统、服务等具备自主感知、自主决策、自主执行等能力，从而实现智能化操作、管理、生产、服务。智能化的应用范围广泛，包括智能设备、智能工具、智能系统、智能材料，乃至具体的应用领域，如智能工程、智能家居、智能交通、智能医疗、智能制造、智能物流、智能营销等。

智能时代是以智能系统、大数据、物联网等技术为基础，推动社会、经济、文化等各个领域实现智能化发展的时代，人们可以通过智能设备和系统实现更高效、更便捷、更舒适的生活和工作。智能系统能够更好地模拟人类智能，完成更加复杂的任务，如在医疗领域，智能技术可以帮助医生进行疾病诊断和治疗方案的制定；在金融领域，智能技术可以帮助银行进行风险评估和信用评估；在交通领域，智能技术可以帮助交通管理部门进行交通流量控制和路况监测。例如，智慧城市路网利用人工智能技术，以及大数据、移动通信、云计算技术构建智能、高效、安全的城市交通网络系统；采用电子停车服务和高位视频技术，提高停车效率和道路使用率，通过识别和调整交通信号，响应实时交通状况，减少拥堵并提高道路使用的安全性（图1-9）。

图1-9　智慧城市（路网，AI生成）

## 第三节　人工智能

### 一、人工智能的概念

从孤立、狭义的角度理解，人的智能就是大脑的思维能力，科学家从研究人工神经网络模拟大脑的结构入手来研究人工智能。人工智能（Artificial Intelligence，AI），最初可视作计算机科学的一个分支，是试图"理解"智能的工作机理并运用现代科学技术进步的成果"研发"智能机器的一门科学技术。当前，人工智能只能模仿人类左脑的逻辑分析能力。虽然人工智能在自然语言处理、图像识别等领域取得了很大的进展，但是它们仍然无法像人类一样进行创造性思维和情感交流。这是因为人类的大脑是一个复杂的器官，包括左、右两个半球，每个半球都有不同的功能。左脑主要负责逻辑分析、语言理解和推理等任务，而右脑主要负责空间感知、想象力和情感交流等任务。当前，人工智能研究的两个关键点是"理解"与"研发"，理解是基础，研发是目的，两者相辅相成、缺一不可。理解要为目的服务，如果没有理解做基础，研发的能力就会严重受限。人工智能企图了解智能的实质，并生产出一种新的能以人类智能相似的方式做出反应的智能机器，即让计算机（系统）具有类似人类的思维、学习、推理、判断、识别、理解、交流等能力（图1-10）。该领域的研究包括机器人、语言识别、图像识别、自然语言处理和专家系统等，技术包括机器学习、深度学习、自然语言处理、计算机视觉、智能控制等。随着人们对人类智能工作机理的认识越来越深入，以及微电子、光电子、新材料、新能源技术不断进步，人工智能将在越来越多的领域协助甚至取代人类解决各种问题，与人类劳动者形成"人类发现问题，人工智能机器系统解决问题"的共生体。由于人类智能在不断发展，发现问题的能力越来越强，人工智能的研究将永无止境。

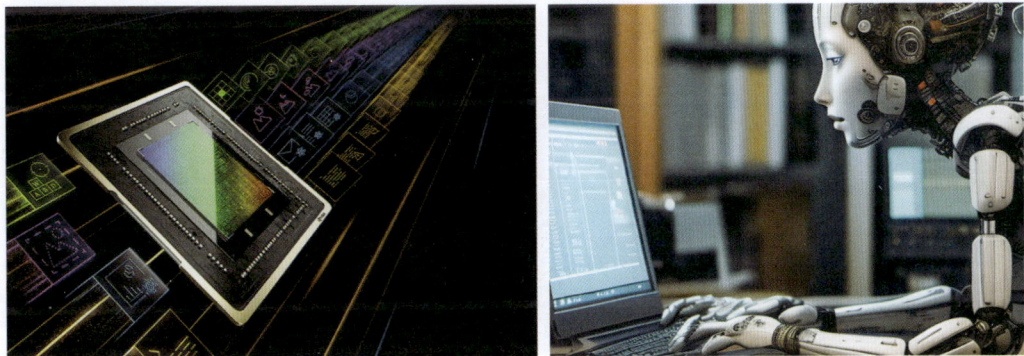

图 1-10　计算机与人工智能概念（AI 生成）

## 二、人工智能的基础内容

### （一）深度（机器）学习

深度学习（Deep Learning）是机器学习的一个分支，它试图模仿人脑的工作原理，通过训练大量数据，自动学习数据的内在规律和表示层次。深度学习的核心是神经网络，特别是深度神经网络，即具有多个隐藏层的神经网络。与传统的机器学习方法相比，深度学习可以自动从原始数据中学习有用的特征表示，而无须人工设计特征。深度学习可以直接从原始数据中学习目标输出，实现端到端学习，无须进行烦琐的特征工程和中间步骤。深度学习通常需要大量的标注数据进行训练与实践，以获得较好的性能。深度学习模型的训练和推理过程通常需要大量的计算资源，如高性能的GPU或张量处理器（TPU）。当前，人工智能存在可解释性较差的问题，由于深度学习模型的复杂性，其内部表示和决策过程往往难以理解和解释。深度学习在许多领域取得了显著的成果，如计算机视觉、自然语言处理、语音识别、推荐系统等。常见的深度学习框架有TensorFlow、PyTorch、Keras等。

## （二）神经网络

神经网络（Neural Network，NN）是一种模拟人类神经系统的计算模型，可以用于分类、识别等任务。神经网络是机器学习和深度学习的核心技术，它模仿人脑神经元相互传递信号的方式，解决人工智能领域的常见问题。神经网络的基本组成单位是神经元，这些神经元之间通过连接权重相互连接，并传递和处理信息。神经网络可以被分为多个类别，包括前馈神经网络、卷积神经网络、循环神经网络等。前馈神经网络是最常见的一种类型，它包含一个输入层、一个或多个隐藏层和一个输出层。卷积神经网络常被用于图像识别和处理任务。循环神经网络由于其特有的记忆功能，通常应用于序列数据的任务。神经网络的训练过程通常涉及大量的数据和计算资源。在训练过程中，网络会通过反向传播算法不断调整神经元之间的连接权重，以最小化预测值和真实值之间的差距。RoBERTa系列由Meta AI研究院推出，是优化版的BERT模型，使用了更多的训练技巧和数据来提升性能。XLNet系列由谷歌提出，旨在克服BERT等模型的限制，通过一种称为"排列语言模型"（Permutation Language Modeling）的方法来更好地捕捉上下文信息。T5系列（Text-to-Text Transfer Transformer）也是由谷歌推出，强调使用纯文本到文本的方式，将多种自然语言处理（NLP）任务统一到一个框架中。MT-DNN系列是由微软提出的多任务深度学习神经网络模型，用于解决多种自然语言处理问题。PLATO系列是由百度推出的对话式AI模型，专注于提供更加自然流畅的对话体验。

## （三）自然语言处理

自然语言处理（Natural Language Processing，NLP），是一项让计算机理解和处理人类自然语言的技术，可以用于机器翻译、语音识别、文本分类等领域，主要任务包括分词、词性标注、命名实体识别、句法分析、语义分析、机器翻译、自动摘要等活动。NLP有广泛的应用，如智能客服、语音助手、搜索引擎、社交媒体分析。BERT是由谷歌推出的预训练语言表示模型，它采用了Transformer的双向编码器来理解语言表征。ERNIE是由百度提出的预训练模型，它能够融合外部知识，提升模型的理解和生成能力。

### （四）数据挖掘

数据挖掘（Data Mining）是从大量的数据集中寻找并提取隐藏的、有用的信息和模式的过程，包括关联分析、聚类分析、异常检测，其目标是建立决策模型，以预测未来的行为。数据挖掘的知识体系包括数据分析、特征工程、建模调参和模型融合等方面内容。常用的数据挖掘方法包括分类、聚类、关联规则挖掘、时序模式挖掘。

### （五）机器翻译

机器翻译（Machine Translation）是使用计算机程序将一种语言的文本自动翻译成另一种语言的过程，在跨语言交流、信息处理和全球化等方面具有广泛的应用前景。机器翻译的方法主要包括基于规则的机器翻译、基于统计的机器翻译和基于神经网络的机器翻译。

### （六）知识图谱

知识图谱（Knowledge Graph）是一种用于表示和存储知识的结构化数据模型，以图的形式呈现实体及其之间的关系，通常由节点和边组成，其中节点代表实体，边代表实体之间的关系。知识图谱应用非常广泛，包括搜索引擎、智能问答、推荐系统、自然语言处理等领域。通过建立知识图谱，可以更好地理解和利用大量的结构化和非结构化数据，从而提高数据的利用率和价值。知识图谱的构建通常需要使用一些技术手段，如实体识别、关系抽取、属性抽取等。同时，还需要对知识图谱不断更新和维护，以保证其准确性和时效性。

### （七）图像识别

图像识别（Image Recognition）是利用计算机视觉技术对图像进行分析、处理和理解，以识别各种不同模式的目标和对象，是人工智能的一个重要领域。图像识别技术的核心是图像识别算法，这是计算机视觉中非常重要且基础的分支，类似于人类对图像内容的识别，其主要任务是通过对图像中像素分布及颜色、纹理等特征的统计，正确区分图像内容所属类别。图像识别技术的一般流程分为四个步骤：图像采集、图像预处理、特征提取和图像识别。在深度学习中，可以利用这些步骤构建图像识别模型。

### （八）图像处理

图像处理（Image Processing）是对图像进行各种操作和变换，以改善图像的质量或提取图像中的有用信息。图像处理，又称影像处理，是使用计算机对图像进行分析，以达到所需结果的技术。它主要涉及数字图像处理，即用工业相机、摄像机、扫描仪等设备经过拍摄得到一个大的二维数组，该数组的元素称为像素，其值称为灰度值。图像处理的内容广泛，包括图像传感器与数字成像、数字化原理、图像模式、彩色空间、图像存储的数据结构，以及若干种图像文件格式的介绍等，还包括一系列对图像质量的主客观评价手段。

## （九）虚拟现实

虚拟现实（Virtual Reality，VR）是人工智能语境下虚拟和现实的结合，借助计算机技术、传感器技术、人类心理学和生理学的综合技术，为用户提供多信息、三维动态、交互式的仿真体验。虚拟现实是一种可以创建和体验虚拟世界的计算机仿真系统，它利用计算机生成一种模拟环境，使用户沉浸到该环境中。虚拟现实的应用领域广泛，包括科研、游戏、电影、教育、医疗等。MoEGAN系列是大规模生成对抗网络（Generative Adversarial Network，GAN），用于创建逼真的图像、视频和音频内容。波网（WaveNet）系列是由DeepMind提出的，主要用于生成原始音频波形，能够模拟人类语音。

## （十）专家系统

专家系统（Expert System）是一种模拟人类专家解决领域问题的智能计算机程序系统，通过在计算机中编码大量某个领域的知识和经验，来模拟人类专家的决策过程。专家系统通常采用启发式的方法来解决问题，这种方法不同于传统的算法，它更加依赖于经验和直觉。专家系统能够处理问题的模糊性、不确定性和不完全性，这使得它们在面对真实世界的问题时更加有效。专家系统具有自我解释的能力，能够对自己的工作过程进行推理，这有助于提高工作透明度和用户信任度。专家系统的结构通常将知识库（存储知识的地方）和推理机（处理知识和进行推理的部分）分开，这种设计使系统的维护和更新变得更加灵活。

# 三、人工智能的主要形式与系统

当前，人工智能以多种形式存在，机器学习是一种通过训练算法来自动学习和改进的方法，它可以让计算机从数据中自动提取模式和规律，并根据这些模式和规律进行预测和决策。深度学习是一种基于神经网络的机器学习方法，它可以通过多层神经网络模拟人类大脑的工作方式，从而实现更加复杂的任务。自然语言处理是一种让计算机能够理解和处理人类语言的技术，它包括语音识别、文本分类、机器翻译等多个方面。机器人技术是一种让计算机能够像人一样行动的技术，它包括机器人设计、控制、感知等多个方面。智能系统是一种集成多种人工智能技术的系统，它可以通过自主学习和决策来完成各种任务。

2023年3月21日，英伟达创始人、CEO黄仁勋在2023 GTC大会上进行了主题演讲，并围绕人工智能、量子计算机、光刻机、云计算等领域发布了一系列旨在"加速"和"降耗"的前沿软硬件产品及服务。同时，他表示还可以提供让企业定制生成式AI模型的一系列服务，AI的"iPhone时刻"已经到来。智能技术的发展已经深刻地改变了人们的生活和工作方式，成为现代社会的重要组成部分。随着技术的不断进步和应用的不断拓展，智能技术将会在更多的领域发挥作用，为人们带来更多的便利和效率。

## （一）人工智能与元宇宙

"元宇宙"（Metaverse）的概念在美国作家尼尔·斯蒂芬森（Neal Stephenson）于1992年出版的科幻小说《雪崩》（Snow Crash）中首次出现。从翻译角度来说，"元宇宙"译法与其英文内涵并不太贴切，翻译成"元宇宙"是因为研究者认为此翻译更容易成为炒作热点、更具科幻感、更容易被大众接受。元宇宙融合了一众的科学技术，主要包括虚拟现实技术、增强现实技术、混合现实技术、人机交互技术、人工智能技术、数字孪生技术、3D建模与视图渲染技术、区块链技术等。元宇宙的主要特征为：全身沉浸的体验、高效便捷的操作、数字映射的世界、自由编辑的赋能、安全可靠的交易等。从科学技术的定义、内涵及元宇宙的技术整合特点来看，元宇宙是多种技术的集合体，其本质上还是一种科学技术。元宇宙世界中的数字人与真实世界的人一样，它们都是元宇宙中不可或缺的生命形态，通过全方位模拟自然人，成为兼具生理属性和社会属性的虚拟存在，数字人不仅扩大了人类的社交范围，还丰富了交往的形式，使人们能够在虚拟世界中建立新的社交关系（图1-11）。

元宇宙可以模拟现实世界的各种场景和情境，如购物中心、游乐园、

图 1-11 元宇宙世界中的数字人与真实世界的人（AI 生成）

博物馆、学校等。用户可以在元宇宙中进行各种活动，如社交、游戏、学习、工作等。智能和元宇宙之间的联系在于，智能技术可以为元宇宙提供更加智能化的交互体验。例如，智能语音助手可以为用户提供更加便捷的语音交互方式；智能机器人可以为用户提供更加真实的虚拟人物体验；智能推荐系统可以为用户提供更加个性化的推荐服务。因此，智能和元宇宙的结合将会为用户带来更加丰富、智能化的虚拟现实体验。

边界模糊的时空拓展性是元宇宙的根本属性，元宇宙在时间和空间两个维度实现拓展和延伸，具备高度沉浸的感官延伸性，是一个由虚拟世界和现实世界共同构建的综合环境，人类的感官体验在其中也将得到多维度的延伸。元宇宙世界不仅能提供真实的感官体验，更具备人机融合的思想迭代性，在打破虚拟和现实的边界的同时进行融合。如果不需要物质支持，许多传统的文化观念、社会规定乃至人的欲望也将消失。元宇宙与现实社会在经济文化上相互依赖。如果物质的身体遭到人工智能的彻底改造，元宇宙的构思与设计必须重新考虑。元宇宙是虚拟时空的集合，是利用科技手段进行链接与创造的、与现实世界映射交互的

虚拟世界，具备新型社会体系的数字生活空间。元宇宙是通过数字化形态承载的与人类社会共存的平行宇宙，借由增强现实、虚拟现实和互联网带来身临其境的沉浸感。可以认为元宇宙是在传统网络空间基础上，伴随多种数字技术成熟度的提升，构建形成的既映射于又独立于现实世界的虚拟世界。

## （二）人工智能支持智能制造

智能制造是一种以智能化相关技术，通过传感器、物联网等技术手段，实现生产过程柔性化、高效化和可持续发展的先进制造模式。该模式能够通过对生产过程中的数据进行分析和挖掘，建立模型和算法，实现对生产过程的智能化决策和管理，提高生产效率和质量。通过互联网和云计算等技术手段，实现生产过程中各个环节之间的协同和协作，提高生产灵活性。通过对生产过程中的各种参数进行优化和调整，实现对生产过程的智能化优化和管理，提高生产管理水平和资源利用率。通过人工智能技术，构建智能制造生态系统，实现对客户需求的快速响应和服务，提高客户满意度和企业竞争力（图1-12）。

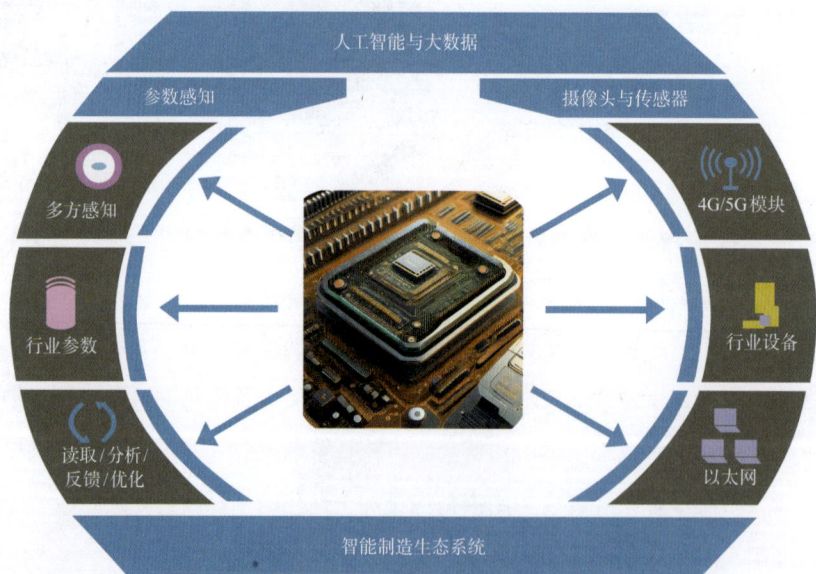

图1-12　智能制造生态系统

人工智能支持制造业实现全制造链自适应与自感知。人工智能技术使机器和系统能够自动适应环境变化，并具备自我感知能力。这意味着机器能够识别生产过程中的变化，并根据实际情况进行调整，以提高生产效率和产品质量。人工智能支持制造业实现全制造链智能决策与学习。通过机器学习和深度学习算法，人工智能能够从大量数据中学习并做出智能决策。这有助于优化生产流程和工艺，减少浪费，提高制造效率。人工智能支持制造业实现全制造链自动反馈与调整。人工智能系统能够自动收集反馈信息，并根据反馈进行自我调整和优化，实现生产过程的持续改进。人工智能支持制造业实现全制造链工业互联网的融合应用。工业物联网（IIoT）与人工智能的结合，可以实现设备间的高效通信，实时监控生产线状态，预测维护需求，从而减少停机时间并提高生产可靠性。人工智能支持制造业实现全制造链云计算资源的利用。利用云计算资源，可以存储和处理大量的生产和物流数据，为深度学习算法提供强大的计算支持，进而提供更精准的优化建议。人工智能支持制造业实现全制造链人机协同制造。人工智能不仅能够自动完成某些任务，还能与工人协同工作，形成更加灵活和高效的制造模式。人工智能通过其自感知、自学习、自决策的能力，以及与工业互联网、云计算等技术的融合，为智能制造提供了强有力的技术支持，推动了制造业的数字化、网络化和智能化转型。

## （三）人工智能与大数据

人工智能需要大量的数据进行学习和训练，大数据需要人工智能进行分析和挖掘。人工智能和大数据结合可帮助企业和组织更好地理解和利用数据，从而提高效率、降低成本、创造更多的商业价值。大数据、算法和算力被认为是人工智能的三大基石，大数据的价值在于数据分析以及分析基础上的数据挖掘和智能决策。算力和算法是人工智能应用的重要组成部分，人工智能和大数据的关系是相互促进、相互依存。大数据为人工智能提供了必要的数据资源，使人工智能算法能够通过学习大量的历史数据来优化自己的性能。人工智能助力大数据处理，尤其是机器学习和深度学习，可以高效地对大数据进行分析和处理，提取有价值的信息，发现数据中的潜在规律。这不仅提高了数据处理的效率，也为各个领域提供了智能化的决策支持。人类可以利用人工智能技术快速分析、处理和利用大数据，从而推动科学研究、商业创新和社会发展的进步。大数据为人工智能提供了丰富的"燃料"，而人工智能像"发动机"一样，将这些数据转化为有用的知识和解决方案。

## （四）人工智能与机器人

国际标准化组织（ISO）曾经给出了一个关于机器人的定义，分为功能性、通用性、独立性、智能性四个方面。功能性上，机器人要具有类似于人或其他生物某些器官的功能；通用性上，机器人工作种类多样，动作程序灵活易变；独立性上，完整的机器人系统在工作中可以不依赖于人的干预；智能性上，机器人要具有不同程度的智能性，譬如记忆、感知、推理、决策、学习等。❶基于智能化语境，机器人通过搭载的传感器和感知技术，实现模拟视觉、触觉、听觉等，能获取周围环境的信息，实现对环境的认知和理解。机器人具备根据

---

❶ 刘肖勇，熊知一. 机器人的"灵魂"是什么？珠江科学大讲堂告诉你［N］. 广东科技报，2021-09-17.

感知到的信息做出决策的能力，包括对信息的处理、分析以及基于目标的规划和调度，使机器人能够自主地完成任务。机器人具备自主学习的能力，能从经验中学习新知识，不断优化其性能和行为，在面对新的任务和环境时，能快速适应并提升效率，能与人类或其他机器人进行有效的交互和协作，提高工作效率，能在团队中发挥作用，执行更复杂的任务（图1-13）。2021年12月，《"十四五"机器人产业发展规划》明确了机器人产业规划的重大意义，并提出了机器人产业发展规划的目标，将中国机器人产业发展再一次推向新的高度。

图 1-13　具备自主学习能力的机器人（AI 生成）

从1927年美国西屋公司造出第一台人形机器人Televox，到AlphaGo击败人类棋手成为第一个战胜围棋世界冠军的机器人，再到波士顿动力公司的机器人能够流畅奔跑、倒立、跳马甚至跳舞，机器人在智慧和运动上的能力持续突破。然而，与科幻电影中呈现的全能机器人相比，现实中的机器人仍有很大的差距。在我们所处的物理现实世界里，机器人更接近于一种可编程的特定用途设备，在实现"听得清、听得懂、有温度的交流"方面，它们的表现尚未达到理想水准。

当众多行业还在探索大模型接入时，机器人行业已率先迭代，特别是在人形机器人领域。微软、亚马逊、谷歌、智元机器人、优必选、宇树等科技公司纷纷入局，埃隆·马斯克（Elon Musk）公布了大模型加持的擎天柱（Optimus）第二代机器人，OpenAI则与人形机器人初创公司Figure合作推出了Figure 01机器人。过去，语音识别、计算机视觉、自然语言理解等智能技术，推动机器人在多领域成为市场"宠儿"。2030年，全球机器人市场规模将达到1600亿～2600亿美元。大模型时代，机器人行业迎来全新的发展机遇，新一代人机交互与具身智能正在重新定义。

### （五）人工智能与人机交互

人工智能与人机交互（Human-Computer Interaction，HCI）是两个紧密相关且互相促进的领域。它们共同构成了智能信息时代的重要研究领域，并且在多个方面有着深刻的联系和影响。人机交互是指人类与计算机系统之间的交互方式，包括用户界面设计、交互技术等。人机交互的目标是提高用户体验，使人们能够更直观、高效地与机器进行沟通并对其进行控制，人工智能与人机交互相互促进、深度融合、协同发展。人工智能的发展为人机交互提供了新的技术可能性，比如语音识别可以改善声控交互，而机器学习可以优化用户界面。人机交互的研究也为人工智能提供了应用需求和研究思路，推动了人工智能技术的实际应用和发展。保持相互促进的关系，更加智能化和自然化的人机交互方式将会出现，如通过虚拟现实、增强现实等技术提供的沉浸式体验。

## 第四节　智能化带来的伦理道德、法律及社会问题

当前法律法规难以适应快速发展的人工智能技术，需要及时更新完善以确保技术的合规使用。随着各项技术的不断进步，人工智能面对越来越多的挑战，其中就包括观念上的挑战。未来人工智能技术将在现有制约被不断解决、新的制约不断形成的过程中，始终保持螺旋式发展进步的趋势。"智能"是人类主体（包括生物主体）在与环境客体相互作用的过程中，为了实现不断改善生存状况这一目的，而演化和展现出来的能力。这种能力应当能够保障：主体产生的智能行为能够实现主体设定的目的，否则就是失败；主体产生的智能行为不能破坏环境，否则就会遭遇风险；主体在面对不确定的条件时，可以通过反馈、学习与优化实现设定的目的。❶

### 一、智能化带来的伦理道德问题

智能化在某些领域的应用可能引发伦理道德争议，如算法偏见、决策透明度等。当前人工智能系统并不是具有意识和自我意识的实体，只是通过算法和数据模拟人类的行为和决策，没有真正的自主性，其产生的行动是由程序和数据控制和指导的。随着人工智能技术的不断发展，一些智能系统已经开始表现出类似于人类的自主性行为，可能会对某些群体产生

❶ 钟义信. 关于"智能学科"的战略思考[J]. 计算机教育，2018（10）：6.

不公平的影响。智能系统伦理问题是一个复杂的领域，需要从多个角度进行思考和探讨，在制定合理的伦理准则和管理机制的基础上才能促进智能系统的发展和应用。2004年，美国上映的电影《我，机器人》（I, Robot）引发广泛思考，人类社会十分期盼人工智能的到来，但对于非生物智能体的未来，似乎无人能够明确阐释（图1-14）。

图 1-14　电影《我，机器人》剧照

## 二、智能化带来的法律问题

2023年8月15日，国家互联网信息办公室等七部门发布的《生成式人工智能服务管理暂行办法》正式实施，该文件对生成式人工智能技术服务规范作出了引导和管控，防范未成年人用户过度依赖或者沉迷生成式人工智能服务。世界各国越来越注重对人工智能的管控，欧洲议会就人工智能的监管达成一致，提出对人工智能算法进行全面监管，禁止使用人工智能进行垃圾邮件和虚假信息传播。国内外在人工智能领域的管理政策不断发展和完善，目标都是促进生成式人工智能的健康发展和规范应用，维护国家安全和社会公共利益的同时，保护公民、法人和其他组织的合法权益。

### （一）数据保护和隐私

人工智能技术的应用需要大量数据的支持，这些数据往往涉及个人隐私和商业机密等问题，如何保护这些数据成为一个重要的问题。随着人工智能系统的普及，越来越多的个人和企业的数据被收集和存储在云端。这使数据隐私和安全成为一个重要的问题。一旦这些数据被泄露或遭到黑客攻击，将会造成严重的后果。人工智能系统也可能存在滥用个人数据的情况，如用于广告定向等商业用途。

### （二）知识产权

如果人工智能系统使用了他人的知识产权，如专利、商标、版权等，就必须获得合法授权或支付相应的费用，否则将面临侵权诉讼和经济赔偿的风险。

### （三）责任承担

人工智能系统在执行任务或提供服务时也必须承担一定的责任。如果智能系统的行为导致了损失或伤害，就必须承担相应的法律责任。

### （四）安全性

应确保人工智能技术在关键时刻是可控的，避免其带来不可预测的后果，如使用智能武器的不可控风险。人工智能系统的应用越来越广泛，其中包括自动化生产和机器人操作等领域。这些自动化系统可能会出现故障或失控的情况，造成人员伤亡或其他严重后果。此外，人工智能也可能被用于制造虚假信息或操纵舆论，从而影响社会稳定。

## 三、智能化带来的其他社会问题

社会全面智能化可能带来社会性就业问题。智能化和自动化技术的应用可能导致某些行业的工作岗位减少，特别是那些重复性高、技术含量低的工作。这种变化可能会引发劳动力市场的结构性失衡，增加就业的不确定性。社会全面智能化可能带来伦理和道德问题，人工智能技术的发展引发了关于机器人和人工智能的道德责任、决策透明度以及与人类权利相关的伦理问题。例如，当人工智能系统出现错误决策时，责任归属的问题变得复杂。社会全面智能化可能带来社会分化问题，人工智能技术的不平等分布可能加剧社会贫富差距。技术红利可能更多地惠及已经掌握资源的群体，而那些缺乏获取新技术能力的群体可能面临更大的挑战。社会全面智能化可能带来技术依赖问题，随着人们对人工智能技术的依赖程度不断加深，可能会出现过度依赖的情况，从而影响人类的决策能力和生活方式。社会全面智能化可能带来人机关系问题，随着机器智能的边界不断扩展，人机交互变得更加复杂。应正确定义和处理人机之间的关系，确保机器的行为符合人类社会的价值观和规范。社会全面智能化可能存在技术失控风险，人工智能系统的复杂性和自我学习能力可能导致不可预测的后果，如无法控制的自主决策等，这对社会安全构成潜在威胁。社会全面智能化可能带来文化冲击问题，如人工智能技术的广泛应用可能会对传统文化产生冲击，改变人们的生活方式和价值观念，这需要在技术发展的同时注重文化的传承和保护。社会全面智能化可能带来教育适应问题，为了适应智能化时代的需求，教育体系需要进行相应的改革，培养人们的创新能力、批判性思维和技术适应能力。社会全面智能化可能带来心理健康问题，人工智能技术的普及可能会对人们的心理健康产生影响，如过度使用智能设备可能导致注意力分散、社交障碍等问题。智能化发展是一把双刃剑，既带来了前所未有的便利和效率，也带来了一系列复杂的社会问题。这些问题需要政府、企业、科研机构和社会各界共同努力，通过制定合理的政策、法规和标准，以及加强宣传教育，来共同应对和解决。

## 四、坚守法律和道德双底线，在不断优化迭代中前行

人工智能系统必须明确权责各方的边界，遵守国家和地区的法律法规，包括隐私保护、知识产权、反垄断等方面的规定。从法律法规角度约束具体应用中可能出现的问题与风险具备多方面积极的意义：一是尊重人权，人工智能系统应该尊重人类的尊严和权利，不得歧视、侵犯人类的基本权利，如言论自由、隐私权、人身安全等；保护隐私，人工智能系统不得擅自收集、使用、泄露用户的个人信息；二是透明度和可解释性，用户应该能够理解人工智能系统的决策过程和结果，以便对其进行监督和控制；三是安全和可靠性，人工智能系统不得对人类造成伤害或损失，不得被恶意利用；四是社会责任，人工智能系统应为人类福祉和社会进步作出贡献，不得违背公共利益和社会道德。

人工智能系统的伦理边界是一个复杂的问题，将长期存在且居于特别重要的位置。人工智能系统应该遵守人类的道德和法律规范，保障人类利益和社会稳定，这需要政府、企业和社会各界共同努力来解决，只有在确保人工智能系统安全、公正和符合人类价值观的前提下，才能更好地发挥人工智能的作用。

## 五、创意与设计领域智能化相关法律法规建设

人工智能在创意与设计领域参与创作活动已成常态，但如何认定由此生成内容的可版权性及其权利归属，在法律上并未形成统一意见，这成为近年来学界讨论最多的问题之一。使用人工智能引发了关于人工智能创作著作权保护的讨论与争议。不管是保护还是不保护人工智能的创作都有一定的弊端，如果给予人工智能创作物版权保护，可能会导致版权作品数量急剧增长，并在某些领域对人类作品造成冲击，且人工智能作为创作主体的资格亦备受质疑；如果不保护人工智能创作物，则会出现人工智能创作物大量涌入市场，有可能助长抄袭、搭便车等不正之风。在使用人工智能生成设计作品方面，其合法性可能要受到著作权法之外的其他法律法规的约束，如透明度、错误信息和诽谤方面的法律法规的约束。无论涉及哪个领域，都需要制定与人工智能应用透明度相关的特定规则。这些规则应能帮助人们了解

人工智能在特定情况下会发挥什么作用，以及相应的法律后果。鉴于人工智能领域技术发展的动态特性、政策和法规，对人工智能形成更广泛的社会理解将会是一个持续性的过程。相关机构必须不断完善人工智能的风险管理框架、算法问责法、数据问责和透明度规章法案，以及人工智能安全风险防范指引等相关法规。在全球范围内，特别是在中国、美国和欧盟地区，政府和相关组织制定了一系列法律规章来规范和引导人工智能与智能技术的发展。法律规章的颁布和实施涉及多个不同的政府机构与职能部门。这些法律规章不断规范人工智能服务管理、算法推荐管理、科技伦理治理、人工智能深度合成管理、人工智能发展计划、人工智能治理原则、人工智能示范应用场景建设、人工智能技术产品的评估方法等方面，推动人工智能向可控的、有益的、稳定的、可信任的方向发展。部分已颁布的国内与国际人工智能与智能技术相关法律、规章、规范见表1-1~表1-3。

表1-1　人工智能与智能技术相关法律规章（中国）

| 发布日期 | 发布机构 | 文件名 |
|---|---|---|
| 2023年7月 | 国家网信办等七部门 | 《生成式人工智能服务管理暂行办法》 |
| 2023年4月 | 国家互联网信息办公室 | 《生成式人工智能服务管理办法（征求意见稿）》 |
| 2023年3月 | 中国通信院 | 《生成式人工智能技术及产品评估方法》 |
| 2022年11月 | 国家网信办等三部门 | 《互联网信息服务深度合成管理规定》 |
| 2022年12月 | 最高人民法院 | 《关于规范和加强人工智能司法应用的意见》 |
| 2022年3月 | 中共中央办公厅、国务院办公厅 | 《关于加强科技伦理治理的意见》 |
| 2021年12月 | 国家网信办等四部门 | 《互联网信息服务算法推荐管理规定》 |
| 2021年9月 | 国家网信办等九部门 | 《关于加强互联网信息服务算法综合治理的指导意见》 |
| 2021年9月 | 国家新一代人工智能治理专业委员会 | 《新一代人工智能伦理规范》 |
| 2021年8月 | 全国信息安全标准化技术委员会 | 《信息安全技术　机器学习算法安全评估规范（征求意见稿）》 |
| 2021年1月 | 全国信息安全标准化技术委员会 | 《网络安全标准实践指南—人工智能伦理安全风险防范指引》 |
| 2019年3月 | 国家新一代人工智能治理专业委员会 | 《新一代人工智能治理原则——发展负责任的人工智能》 |
| 2023年1月 | 工业和信息化部等十七部门 | 《关于印发"机器人+"应用行动实施方案的通知》 |
| 2022年10月 | 工业和信息化部等五部门 | 《虚拟现实与行业应用融合发展行动计划（2022—2026年）》 |
| 2022年8月 | 科技部 | 《关于支持建设新一代人工智能示范应用场景的通知》 |
| 2022年6月 | 中国电子工业标准化技术协会 | 《人工智能　深度合成图像系统技术规范》 |

| 发布日期 | 发布机构 | 文件名 |
|---|---|---|
| 2020年10月 | 科技部 | 《国家新一代人工智能创新发展试验区建设工作指引（修订版）》 |
| 2019年8月 | 科技部 | 《国家新一代人工智能开放创新平台建设工作指引》 |
| 2018年12月 | 工业和信息化部 | 《关于加快推进虚拟现实产业发展的指导意见》 |
| 2017年12月 | 工业和信息化部 | 《促进新一代人工智能产业发展三年行动计划（2018—2020年）》 |
| 2017年7月 | 国务院 | 《新一代人工智能发展规划》 |
| 2016年5月 | 国家发展改革委等四部门 | 《"互联网+"人工智能三年行动实施方案》 |
| 2022年9月 | 上海市人大常委会 | 《上海市促进人工智能产业发展条例》 |
| 2022年9月 | 深圳市人大常委会 | 《深圳经济特区人工智能产业促进条例》 |

表1-2　人工智能与智能技术相关法律规章（美国）

| 发布日期 | 发布机构 | 文件名 |
|---|---|---|
| 2023年1月 | 美国国家标准与技术研究院（NIST） | Artificial Intelligence Risk Management Framework（AI RMF1.0）人工智能风险管理框架（第一版） |
| 2022年2月 | 众议院 | Algorithmic Accountability Act of 2022 《2022算法责任法案》 |
| 2020年11月 | 管理和预算局 | Guidance for Regulation of Artificial Intelligence Applications 《人工智能应用监管指南》 |
| 2020年11月 | 众议院 | Data Accountability and Transparency Act of 2020 《2020数据问责和透明度法草案》 |
| 2020年5月 | 众议院 | Generating Artificial Intelligence Networking Security（GAINS）Act 《产生人工智能网络安全法草案》 |
| 2022年10月 | 科学技术政策办公室 | Blueprint for an AI Bill of Rights 《人工智能权利法案蓝图》 |
| 2021年5月 | 合议院 | Algorithmic Justice and Online Platform Transparency Act of 2021 《2021算法正义和在线平台透明度法草案》 |
| 2020年3月 | 众议院 | Coordinated Plan on Artificial Intelligence 2021 Review 《人工智能协调计划2021年修订版》 |
| 2019年2月 | 总统行政办公室 | Maintaining American Leadership in Artificial Intelligence 《维护美国在人工智能时代的领导地位》 |
| 2016年10月 | 总统行政办公室 | Preparing for the Future of Artificial Intelligence 《为人工智能的未来做好准备》 |

表1-3　人工智能与智能技术相关法律规章（欧盟）

| 发布日期 | 发布机构 | 文件名 |
|---|---|---|
| 2018年4月 | 欧盟委员会 | Artificial Intelligence for Europe<br>《欧洲人工智能》 |
| 2019年4月 | 人工智能高级专家组 | Ethics Guidelines for Trustworthy AI<br>《可信人工智能伦理指南》 |
| 2019年4月 | 欧洲议会研究处 | A Governance Framework for Algorithmic Accountability and Transparency<br>《算法问责及透明度监管框架》 |
| 2020年10月 | 欧洲议会 | Civil Liability Regime for Artificial Intelligence<br>《人工智能民事责任体系》 |
| 2020年10月 | 欧洲议会 | Resolution on Intellectual Property Rights for the Development of Artificial Intelligence Technologies<br>《关于发展人工智能技术的知识产权的决议》 |
| 2020年10月 | 欧洲议会 | Framework of Ethical Aspects of Artificial Intelligence，Robotics and Related Technologies<br>《人工智能、机器人和相关技术的伦理问题框架》 |
| 2021年4月 | 欧盟委员会 | Proposal for a Regulation of the European Parliament and the Council Laying Down Harmonised Rules on Artificial Intelligence（Artificial Intelligence Act）and Amending Certain Union Legislature Acts<br>《人工智能法案（草案）》 |
| 2023年6月 | 欧盟委员会 | Artificial Intelligence Act（AI Act）<br>《人工智能法案》 |
| 2022年10月 | 欧洲议会，欧盟理事会 | Digital Services Act<br>《数字服务法》 |
| 2022年9月 | 欧洲议会，欧盟理事会 | Digital Markets Act<br>《数字市场法》 |
| 2022年5月 | 欧洲议会 | Resolution on Artificial Intelligence in a Digital Age<br>《关于数字时代人工智能的决议》 |
| 2021年4月 | 欧盟委员会 | Coordinated Plan on Artificial Intelligence 2021 Review<br>《人工智能协调计划2021年修订版》 |
| 2020年2月 | 欧盟委员会 | White Paper on Artificial Intelligence—A European Approach to Excellence and Trust<br>《人工智能白皮书》 |
| 2018年12月 | 欧盟委员会 | Coordinated Plan on Artificial Intelligence<br>《人工智能协调计划》 |

第二章

# 智能服饰品

在"十四五"构建"双循环"新发展格局背景下，强化科技创新战略支撑能力是发展的首要任务。服饰行业需立足新发展阶段、贯彻新发展理念、构建新发展格局，推动行业实现"科技、时尚、绿色"的高质量发展。体现在加快标准体系建设，关注新型纺织纤维材料、新型皮革材料、功能性纺织品、智能纺织品、高技术产业用纺织品以及绿色制造、智能制造、数字技术等重点领域的技术突破。建设高质量的服饰品制造体系，提升产业链现代化水平，发挥产业链优势，推动服饰品行业向高端化、智能化、绿色化、服务化转型升级，建设创新能力强、附加值高、安全可靠的产业链、供应链。推动服饰品牌建设，提升产品创新能力，完善从原材料、纤维、织物皮革到终端产品的全产业链研发体系，促进传统制造模式向智能型、服务型制造模式转变。

# 第一节 服饰品

## 一、服饰品简述

服饰品是装饰人体并具备某种功能的物品，是生活必需品，是人们感受生活、表达生活的重要媒介，具有社会审美与物质功能双重属性。服饰品是人类进入文明时期后典型的劳动创造成果，反映劳动、生产、创造水平，体现内在精神需求与审美取向，是人类文明进步的具体表现。服饰品也是一种社会展示，能够传达社会观念，透过服饰品中蕴含的思想，揭示不同人群的生活状态。社会、历史、文化的变迁直接影响着服饰品的变迁，每一历史时期的社会制度、意识形态、文化艺术、美学思想、审美倾向等，都会从那个时代的服饰中反映出来。[1]

## 二、服饰品的分类

站在服饰发展史的角度，随着历史车轮的滚滚向前，一方面，过时的服饰品类消失在历

---

[1] 陈建辉. 服饰图案设计与应用[M]. 北京：中国纺织出版社，2006：4.

史的尘埃中，另一方面，不断衍生出新的服饰品类与款式。一种服饰品类的诞生与存在具有鲜明的时代性，生活环境的变化，以及新材料、新技术的突破不断迭代已有品类，催生新的品类。

当前常见常用的服饰品包括但不限于以下几种：服装类如上装、下装、裙装；饰品类如项链、胸针、耳环、手镯、戒指；领带类如领带、领结、领巾、围巾、披肩、披风；帽子类如鸭舌帽、贝雷帽、遮阳帽；围巾类如丝巾、披肩、围巾；手套类如皮手套、羊毛手套；眼镜类如太阳镜、近视眼镜、装饰眼镜；包袋类如手提包、单肩包、背包；腰带类如皮带、吊带、腰封；鞋履类如单鞋、高跟鞋、休闲鞋、时装鞋、运动鞋。

### （一）按装饰部位分类服饰品

服饰品围绕人的活动动作、状态而存在，支撑、辅助人们完成某种动作或达成某种状态。按装饰部位分类服饰品包括遮盖、保护身体躯干主要部位的服装如上衣、下装、裙子；头颈部服饰品如帽子、头巾、围巾、发带、发箍、项链、耳环、发夹、发饰；眼部服饰品如眼镜、墨镜、眼罩；手部服饰品如手套、手帕、手链、手镯、手表、戒指；躯干及四肢类服饰品如手提包、肩包、背包、钱包、手拿包；腰胸部服饰品如胸针、腰带、腰链、腰饰、腰包；足部服饰品如鞋履、袜子、袜带、脚链。

### （二）按细分行业分类服饰品

本书论述的服饰品包括服装类、箱包类、鞋靴类、饰品类，可分别对应服装行业、箱包行业、鞋靴行业、饰品行业。服装类可细分为女装、男装、童装、内衣家居服、运动服、礼服、皮衣、羽绒服、特殊行业用途服、民族服、表演服。箱包类可细分为皮革制品、小皮具类、行李箱、商务类箱包、休闲类箱包、时尚箱包、功能性箱包。鞋靴类可细分为运动鞋、休闲鞋、正装鞋、户外鞋、时装鞋、特殊用途鞋、童鞋、老年鞋。饰品类可细分为珠宝首饰类、头饰类、领带和腰带类、手套和袜子类、眼镜类、围巾和帽子类。以粤港澳大湾区为例，服装、箱包、鞋靴、饰品都形成了专业度高且成熟的产业链及专业市场。

## 三、服饰品的主要材料与辅料

### （一）服饰品的主要材料

本书讨论的服饰品主要材料指某款服饰品的面料与主要构成材料，因具体的款式结构不同，一款服饰品可能同时使用多种主面料或主要构成材料。以棉为主要材料制成的服饰品如棉衣、棉裤、棉袜；以丝绸为主要材料制成的服饰品如衬衫、裙子；以羊毛、兔毛等动物毛为主要材料制成的服饰品如毛衣、毛裤、箱包、鞋靴；以动物皮革为主要材料制成的服饰品如皮衣、皮具、箱包、鞋靴；以麻为主要材料制成的服饰品，如麻衣、麻裤、麻鞋；以化学纤维为主要材料制成的服饰品如服装、箱包、鞋靴、饰品；以羽毛、羽绒为主要材料制成的服饰品如表演服、羽绒服、羽绒裤、羽绒被；以聚氨酯类为主要材料制成的服饰品如服装、箱包、鞋靴、饰品；以金属、亚克力、木材、竹子等为主要材料制成的服饰品如首饰。

### （二）服饰品的辅助材料

服饰品的辅助材料简称辅料，是指除面料与主要材料以外的辅助性、配角性材料，如纽扣、拉链、织带、花边衬布、橡筋、钉珠镶钻、填充料、衬垫、缝纫线、钩眼、扣子、饰品，以及皮革类箱包鞋靴中除主料以外的五金件、树脂件。辅料在服饰品中起到了非常重要的作用，不仅能提高美观度和舒适度，还可增加功能性和实用性。

粤港澳大湾区是服饰品贸易的重要集散地，服装类、箱包类、鞋靴类、饰品类辅料生产、贸易都形成了产业生态较为完善的地区与专业市场，如广州中大国际轻纺城负一楼的辅料花边市场、广州三元里的佳豪国际皮具皮革城、广州站西的新濠畔鞋材皮革五金市场、广州荔湾区的上下九首饰饰品市场、广州花都区的狮岭（国际）皮革皮具城。

# 第二节　智能可穿戴产品与智能服饰品

## 一、产品、设备、装备

### （一）产品

产品是企业或组织在特定体系下，按一定质量标准设计、制造、生产加工而成的，用于满足消费者需求的任何物品。产品可以是物质的，如手机、汽车，也可以是非物质的，如软件、音乐、服务。产品是企业与消费者之间交换的媒介，是企业实现价值的重要载体。

### （二）设备

设备是指用于完成某项任务或工作的机器、工具、仪器等物品，通常是由多个部件组成的，需要进行组装、安装、调试等操作才能使用，如打印机、电视机、手机等都是设备。设备可针对生产端，也可直接针对用户端。

### （三）装备

装备是用于完成某项任务或活动所需的工具、设备、器材、武器等物品的组合式总称，蕴含更多动词含义。因为某一种需求，或者要完成某一种任务、某一个项目、某一个工程，需要对某个人或某团队进行器材、设备、技术配置，显示出特定目标的成组合、成系统的特征。例如，军人执行某项作战任务时根据任务特点，需要配置枪支、弹药、防弹衣、通信设备、头盔等装备组合，登山者需要的装备包括登山鞋、攀岩绳、冲锋衣等装备组合。

### （四）智能产品

与传统产品相比，智能产品（Intelligent Products，又称Smart Products）的特点在于其可以与大数据、群体智能计算、智能感知等技术相结合，形成涵盖硬件、软件以及服务的系统。研究者从五个维度来定义智能产品，包括是否拥有独特的ID，是否能够与其环境有效沟通，能否保留或存储关于自身的数据，能否部署一种语言来显示其特性，能否参与或做出与其自身命运相关的决定。智能化产品、设备和装置能够通过传感器、控制器、通信网络等技术手段获取和传输大量的数据，实现数据的采集、处理和分析，能够根据环境变化、用户需求等因素自动调整运行状态，实现自适应性和智能化控制。

## 二、智能可穿戴产品

可穿戴设备多以具备部分计算功能、可连接手机、便携终端的形式存在。当前常见的可穿戴设备分为头部穿戴、手部穿戴、躯干穿戴和下肢穿戴四个大类。以身体躯干为支撑的如腰带、胸针；以手腕为支撑的如手表和腕带及手携形式的箱包类物品；以脚为支撑的如鞋类以及其他腿上佩戴物品；以头部为支撑的如眼镜、头盔、头带等，以及书包、拐杖、配饰。

智能可穿戴产品是符合某种质量体系批量化、标准化生产的产品，兼具某种智能性属性和可穿戴性，是由用户穿戴和控制的，持续运行和交互的计算机设备。从当前市场的划分来看，智能可穿戴产品主要指智能手表、智能眼镜、智能手环等电子设备，其主要功能是数据采集、信息传输、健康监测。广义的可穿戴式智能设备被定义为功能全、尺寸大、可不依赖智能手机实现完整或者部分功能的设备，只专注于某一类应用功能，需要和其他设备如智能手机配合使用的设备。❶

史蒂夫·曼恩（Steve Mann）是加拿大工程师、发明家，被誉为"可穿戴式设备之父"，他以可穿戴设备的先驱者身份而闻名。他从20世纪80年代开始研究可穿戴式计算机，并于

---

❶ 朱铭洁. 可穿戴式设备在教育教学中的应用研究［C］// 中国人工智能学会计算机辅助教育专业委员会. 计算机与教育：实践、创新、未来——全国计算机辅助教育学会第十六届学术年会论文集. 中国浙江省杭州市，2014：658.

1994年发明了第一款可穿戴式计算机"EyeTap"。这款设备可以记录用户所看到的图像，并将其显示在用户的眼睛上，实现了增强现实技术的初步应用。史蒂夫·曼恩发明了一系列可穿戴式设备，包括智能手表、智能眼镜，并将其应用于医疗、安全、娱乐等领域。史蒂夫·曼恩的贡献不仅在于发明了可穿戴式设备，更在于他对可穿戴式技术的思考和探索，他认为可穿戴式设备应该是一种人机交互的方式，能够让人们更加自然地与计算机进行交互，而不是简单地将计算机"套在身上"。

## 三、智能服饰品的发展与迭代

### （一）从可穿戴产品到智能服饰品

可穿戴产品与服饰品二者在实际使用场景中体现为语义侧重点不同，服饰品多指传统概念中的服装、箱包、鞋帽、手袋、首饰，从传统的衣食住行的生活角度，强调人们的生活基本需求，侧重于设计和品牌价值。可穿戴产品更多是从器件、设备的角度，进一步延伸到与人结合，人可穿可戴的范畴。可穿戴产品强调器件、设备的某类特殊功能，满足人们某种特殊需求，例如，在软件支持以及数据交互、云端交互支持下，实现更多智能互动功能。

智能服饰品沿着智能可穿戴设备、初阶智能服饰品、无感智能服饰品的轨道发展进化（图2-1），具备传统服饰品的基础功能与良好的服饰性，包括穿着舒适性、柔性、透气性、造型美观性、重复清洗性。智能服饰品融入先进的材料及科技方面的最新成果，具备智能化特性，例如，植入或搭载内置传感器，能够感知穿着者的生理状态、环境变化，如心率、体温、运动状态。根据感知到的数据，智能服饰品能够做出相应的响应，实现数据的同步和远程控制。可以说，智能服饰品融合了穿着舒适性、基础功能性、时尚美观性、进阶智能性四大要素。

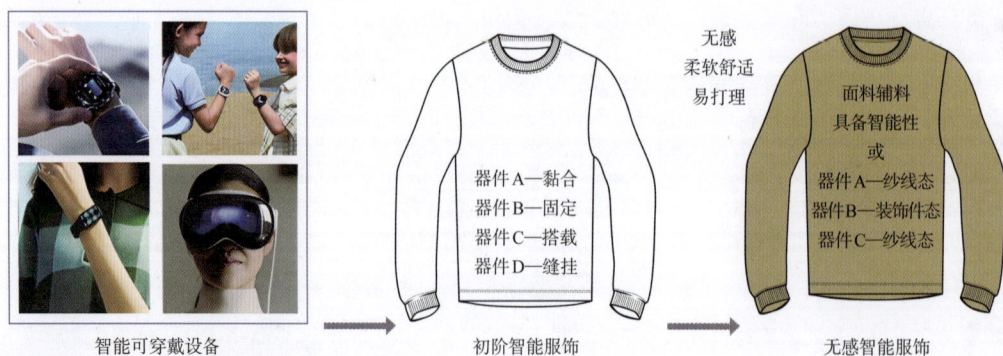

图2-1　从可穿戴设备到无感智能服饰

### （二）新时期的智能服饰品

智能服饰品进阶迭代方向在于完成穿着舒适性、基础功能性、时尚美观性、进阶智能性四大要素的完美平衡，当前能达到理想值的智能服饰品还比较少见。当前智能服饰品主要集中在安全智能服饰、温控智能服饰、运动竞赛智能服饰、保健康养智能服饰、变换智能服饰及特种智能服饰六个方向。

智能服饰品追求探索的是人与科技之间全新的结合方式，探索以人为本的人机交互方式，在云数据背景下通过处理用户各项数据，进行实时处理、备份、反馈、分析，实现更高层次的智能交互管理。智能服饰品进一步优化、弥补了目前可穿戴设备在单一维度数据采集方面的不足，实现多维人体信号的特征融合分析和人机交互的智能决策支持，以及外界系统进行实时数据交互，成为人与外界环境交互的重要工具平台。智能服饰与智能家居、智能汽车、机器人等组成智能系统架构，宽维度实现智能的人机交互。当前智能服饰在全球范围内处于初步发展阶段，"半智能服饰"相对多见。成熟的，完全自主采集和自动处理各种变化态数据，能够对数据自主分析，主动做出多种可能的预判、抉择，同时还能保持服饰固有的亲肤性、舒适性、可整理性的智能服饰还不多见。

智能服饰品具有感知和反应双重属性，不仅能够感知外部环境或内部状态的变化，还可以通过反馈机制，实时对不同变化场景做出反应。智能服饰品是将传统纺织材料与现代科技电子技术相结合的新型产物，在保证传统服装基本功能的同时，加入可模拟生命系统的芯片、传感器等微型装置，使服装可以自动感知服饰周边的环境状态变化，并通过系统反馈处理机制，实时做出反应。[1] 智能服饰是服饰品、材料、电子、生物、通信等多个领域交叉融合的产物，是模拟生命系统能够感知身体内部功能或外界环境的变化、反馈收集到的信息、主动或被动地做出相应反应的服饰。由于兼具服装化和智能化的特点，以及人们对智能化产品的关注和渴望，智能服饰将是服装服饰行业发展的重要方向和趋势。[2] 智能服饰具备高度自主采集、分析和处理数据的能力，同时具备防水抗污的能力，但这些能力的加持并不会影响服装最原始且基础的性能，如穿着舒适度，包括透气性、弹性、悬垂性、固色性，其本质是一件服饰品。所以对于智能服饰来说，基础要求就是在加入智能的同时要保留服饰品的本质和服饰品的原始特性，让服饰品在保有原有性能的基础上，更加贴合用户体验，通过了解用户需求，掌握用户数据，做到个性化的服装智能反馈。[3]

在传统服饰品的基础上，开展智能化方向的新材料、新技术研发，包括现有服饰品材料

---

[1] 张灏，周晓帆. 智能可穿戴服饰设计新技术及其应用[J]. 针织工业，2022（1）：57-60.

[2] 张君秋. 智能服装标准现状及展望[J]. 高科技纤维与应用，2022，47（5）：76-79.

[3] 聂耀阳，张丹. 智能服饰未来发展走向浅析[J]. 轻纺工业与技术，2021，50（2）：55-57.

的智能性激活，开展基于传感技术、智能控制技术、数据处理技术的创新设计与研发，主要包括芯片、显示器、传感器、电池，软件系统还包括语控和交互技术系统、数据平台系统，用于实现服饰品在具备基础服饰功能的同时，携带一种或多种智能性。当前我国智能服饰品行业已初步形成从原材料及零部件供应到设备生产、产品销售完整的产业链。产业链上游包括设计研发团队，中游包括设备厂商、电子科技企业，下游终端应用领域包括品牌经销商、医疗服务机构等，其中医疗服务机构主要包括医院、体检机构、健康管理中心。

## 第三节　智能服饰品的广泛应用

以大数据和云计算为基础的时代浪潮中，智能化在方便人类生活的同时，也对工业、商业都产生极为深远的影响。智能服饰是一类可以感知人体和环境变化，并通过反馈机制对这种变化做出反应和调整的服饰品，感知、反馈和反应是智能服饰的典型特征。

智能服饰品融合了生物化学技术、电子信息技术、人机交互技术和仿生技术，是多领域、多学科交叉的成果。智能服饰品广泛应用于生产生活，涉及多个应用场景（图2-2），如健康医疗场景下就包括医疗器械操作、移动医疗、防跌倒、心率监测、健康评估，涉及智能手表、智能鞋、运动评估服装、智能眼镜、手势交互手套、残障交互手套、智能帽饰等服饰品类。

医疗与康养　　　　　　婴幼儿监护　　　　　追踪读取运动数据

多场景元宇宙　　　　抢险救援作业　　　　工程作业

图2-2　智能服饰广泛应用于生活与生产（AI生成）

# 一、智能服饰品提升人们的生活品质

智能服饰品融合科技和时尚元素，成为时尚潮流的代表，满足人们对于个性化、多样化的需求。智能服饰品支持人们在社交活动中提升交流和互动体验，提升人们的社交效率，使人们的社交需求得到更大满足。设计师根据用户喜好和需求，进行个性化时尚设计，使智能服饰品更符合用户的审美和风格，增强用户的自信心和社交魅力。通过内置的传感器和软件，实现实时互动，如语音控制、手势识别、情感交流，使人们更加自然和轻松地进行社交互动。通过追踪读取用户的运动数据，如步数、距离、卡路里等，鼓励用户积极参与运动和健身活动，增强其社交活动的体能和活力。

## （一）智能服饰品提升人们休闲康乐生活品质

对于追求健康生活的人来说，智能服饰品可帮助他们更好地了解自己的身体状况，并及时调整活动强度或生活习惯。一些智能服饰品具备温度调节功能，可以根据外部温度变化，自动调节服装内部的温暖程度，确保用户在不同气候条件下都能感到舒适。一些智能服饰品可以检测紫外线强度，提醒用户涂抹防晒霜或穿戴防护装备，减少皮肤暴露在有害紫外线下的风险。一些智能服饰采用可持续材料制作，并通过智能控制减少能源浪费，例如，只在需要时加热特定区域，促进环保意识。

创意设计的智能服饰应用于医疗健康领域主要得益于嵌入面料与织物中的各类传感器，它们可以实时监测人体各种生理参数（图2-3），包括体温、血氧、心率、心电、脑电，有利于疾病的发现、预防和诊治，甚至有助于降低死亡率。从婴幼儿体温监测到老年人情感识别、防跌倒、风湿理疗；从身体健康监测到疾病预防，将电子产品或智能系统植入纺织品，如帽子、袜

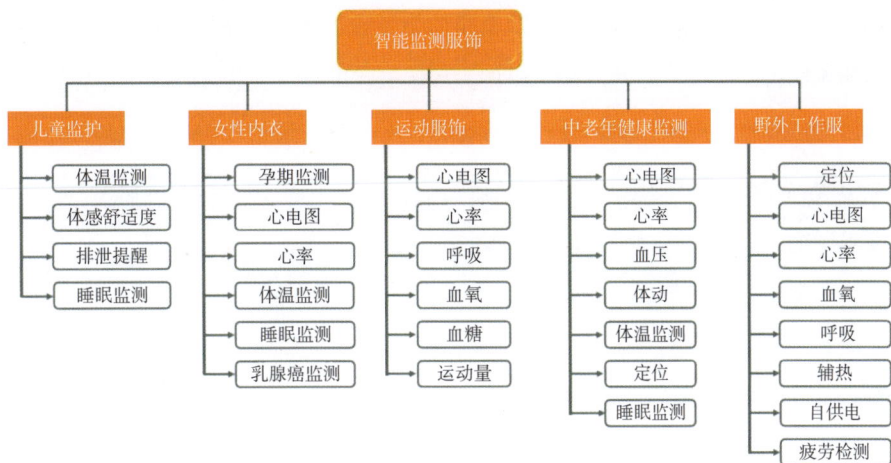

图2-3 智能服饰聚焦生命体征监测

子、裤子、衬衫、毛毯和绷带等中，智能服装能够实时监测生理信号或执行特定的护理、理疗功能，对人体健康状态进行实时监控，对穿戴者予以相应的治疗，保障人们的生命健康。❶

## （二）智能服饰品提升人们社交生活品质

智能服饰品在提升人们社交生活品质方面也展现出了巨大的能力与潜力。一些智能服饰品支持表情及情绪识别，通过集成的摄像头和人工智能算法，可识别穿着者的面部表情和情绪，并据此给出建议或自动调整服饰的外观，比如，改变颜色或显示特定图案，以符合社交场合的氛围或个人心情。一些智能服饰品集成语言识别和翻译技术，支持实时翻译交流，非常适合跨国社交或商务交流场景。一些智能服饰品支持社交互动提示，可以通过分析对话内容和肢体语言来提供及时的社交提示，例如，提醒用户注意语气、用词，或在特定的文化背景中采取的行为礼节。一些智能服饰品具备主动管理网络连接功能，通过内置的无线联网功能，智能服饰可以实时同步社交媒体更新、消息通知，让用户即使在外出时也不会错过重要的社交信息。一些智能服饰品支持位置共享与追踪，在智能服饰中集成全球定位系统（GPS）功能可以帮助用户在大型社交活动中定位朋友和家人的位置，便于相互寻找和聚集。它们支持紧急求助，在遇到紧急情况时，可以快速发送用户的地理位置和求助信号给预设的联系人或急救中心，提高安全性。一些智能服饰品支持多模态个性化显示，利用LED屏幕或电子纤维，用户可以自定义衣服上的图案、文字甚至动态效果，展示个人风格，增加谈话话题，提高社交场合中的吸引力。例如，法国某潮牌基于增强现实技术设计出一款智能卫衣，可以将静止的印花图案以立体的运动状态呈现出来。用户通过增强现实软件拍摄图案，便可发现卫衣上的图案正在旋转，从而获得视觉上的新鲜体验。此款产品通过服饰、手机和电脑端交互的增强现实技术，将虚拟的世界和真实的世界联系起来，让用户体验虚实之间的互动感。

织物与微电子系统的结合，使织物具备了感知、驱动、自适应和交流等多种功能，实现服饰图案的智能动态变化。例如，纤维基电路织物是通过将导电材料嵌入纤维中，可设计出具有电路功能的智能纤维。这些纤维可以作为传输电流的路径，构成复杂的电子图案。创意设计师可以尝试新材料应用，材料在通电后可以改变颜色，通过控制这些材料的电流，可以实现图案的动态变化。利用对温度敏感的材料，通过改变织物的温度来调整图案的显示，使图案能够根据用户的需求或环境条件实时变化。

## （三）智能服饰品支持多模态人机交互

智能服饰品通过集成各种传感器和设备，支持多模态人机交互。一些智能服饰品支持触摸控制，可以包含触摸屏或触摸敏感区域，让用户通过简单的触摸手势来控制设备功

❶ 王朝晖，程宁波.智能服装的应用现状及发展方向［J］.服装学报，2021，6（5）：451-456.

能，例如，播放音乐、接听电话或访问智能助手。一些智能服饰品支持语音命令，利用集成的麦克风和语音识别技术，用户可以对智能服饰品发出语音指令，进行诸如设置提醒、发送信息或查询天气等操作。一些智能服饰品支持手势识别，通过使用加速度计和陀螺仪等传感器，能够识别用户的手势动作，并据此执行特定功能，如摇动手腕拒绝来电。一些智能服饰品支持视觉反馈，配备小型发光二极管（LED）灯或屏幕，可以通过视觉信号提供通知和警告。一些智能服饰品支持生理反馈，搭载心率监测器或其他生物传感器，根据用户的生理信号做出响应，在检测到压力升高时，自动启动放松指导程序。一些智能服饰品支持环境互动，可感知周围环境变化，如温度、湿度、光线强度等，并相应地调整设置或给出建议，例如，在阳光强烈时提醒涂抹防晒霜。一些智能服饰品支持移动和位置跟踪，通过GPS或其他定位技术，追踪用户的位置，提供导航帮助、安全警报，或基于地理位置的个性化服务。一些智能服饰品支持近场通信和无线通信，支持基于无线技术与其他设备进行短距离的数据传输、快速配对、共享数据、无线支付。

一些智能服饰品搭载传感纤维及嵌入式柔性电子元器件，具备某种感知能力，能模拟表达人们的感官功能和情绪变化。荷兰飞利浦（PHILIPS）公司设计的服饰作品"茧衣LED"，由多个LED灯组成，当衣服里面安装的传感器感受到穿戴者脸红时，LED灯就会发光，这种传感器镶嵌在衣服内测，可以高敏感地准确感受到穿戴者的情绪变化。美国莱斯大学（Rice University）研究人员研发了一款"智能衬衫"，编织在织物中的纤维嵌入天线与LED，通过柔性碳纳米管纤维编织在衣服上，可收集心电图和心率数据。对纤维的几何形状和相关的电子器件稍作修改，可让衣服监测生命体征或呼吸频率。波兰时装设计师伊加·韦林斯卡（Iga Weglinska）设计了两款情绪化服装，通过佩戴在手指上的传感器来感受体温和心率，识别穿戴者的焦虑和压力，再通过LED灯的颜色变化来进行提醒。LED灯颜色变冷，象征着穿戴者需要放慢呼吸、冷静下来。❶

研究人员从互动、休闲的需求出发，设计智能音乐外套，用户只需轻轻一按，就会播放音乐。美国麻省理工学院（MIT）媒体实验室研发的一款使用可持续能源的音乐外套。穿上此外套，用户不仅能播放音乐，还能把喜欢的音乐存储在芯片中，或者收听自己喜爱的电台。外套由丝质透明硬纱制成，音乐播放功能则由一个全布料电容键盘控制。音乐外套是一个环保的"音乐播放器"，它的能量来源主要为太阳能、风能、物理能源等可持续能源。

服饰品携带的智能情绪香水装置，能根据人的情绪变换香味，调节人的心情，实现用户与服饰品的互动（图2-4）。英国设计师珍妮·提尔洛森（Jenny Tillosen）提出"情绪香

❶ 姬璇，曾慧，吴晓航. 辅助负面情绪的智能服装研究[J]. 服装设计师，2023（Z1）：98-101.

薰衣服"的概念，这种智能衣服会根据穿衣人情绪的变化，散发出不同的香味。衣服的布料采用液体流控系统，喷出适量雾状香水。这种衣服的"智能"之处在于，其能够模拟人体的血液循环系统、感官和体味腺的功能。它的布料里埋着各种香水，采用液体流控系统喷洒，根据不同的环境变换香味。

图 2-4　根据情绪变换香味的服装概念图示（AI 生成）

荷兰设计师丹·罗斯加德（Daan Roosegaarde）开发了一种"亲密关系（Intimacy）"系列裙子，裙子外观时尚，探索了亲密行为与科技的关系，满足穿着者本能层次的情感需求。"Intimacy 1.0"裙子采用电子金属箔面材料 e-foils 制成，可以改变服装的透明度。当外界物体慢慢靠近时，裙子上的 e-foils 会逐渐褪去金属色，而当触碰裙子或遇到强光时，便会将身材展现无遗。根据穿着体验改进后的"Intimacy 2.0"裙子由皮料和 e-foils 拼接而成，完善了服用功能，满足了消费者在行为层次上的情感需求。裙子内部增加传感设备，利用无线交互技术监测用户的体温和心跳，当穿着者心跳加快时，e-foils 会逐渐变透明。当穿着者表现出激动、兴奋的情绪时，变色的服装会传递出愉悦的情绪，因此增添了互动的趣味；而当穿着者表现出失落、焦虑的情绪时，周围人能通过裙子颜色变化察觉出其情绪波动，在反思层面上实现情感反馈（图 2-5）。❶

图 2-5　智能变化色彩明度服饰概念图示（AI 生成）

---

❶ 李婧，皮珊珊.基于人机交互技术的智能服饰情感化设计研究［J］.西部皮革，2022，44（17）：128-130.

## 二、智能服饰广泛应用于生产作业

智能服饰品在生产作业中广泛应用，提高生产效率、降低成本、保护作业人员、提升项目质量。例如，各类制造项目、消防救援项目、探险工程、军需军工项目、航空航天项目。

### （一）智能服饰品介入各类工程作业

工程主要是指解决难题、搭建项目、探索未知的活动与事件。智能服饰广泛应用于各类工程与探险项目中，为人类带来更多的便利、创新与突破（图2-6）。

#### 1.智能服饰品介入户外工程作业

专用智能安全帽可以通过内置的传感器，监测作业人员的头部姿态和疲劳程度，及时提醒作业人员休息或调整姿势，避免因疲劳或姿势不当导致的意外事故。智能工程专用手套可以通过内置的传感器监测手部动作和力度，帮助作业人员更加精准地操作工具和设备，提高工作效率和准确性。智能工程专用鞋垫可以通过内置的传感器监测作业人员的步态和脚部压力

图2-6 应用于各类工程作业的智能服饰品概念图示（AI生成）

分布，及时提醒作业人员调整步态或更换鞋垫，避免因步态不当或脚部疲劳导致的意外事故。智能工程防护服可以通过内置的传感器，监测环境温度、湿度、气压等参数，及时调整服装的通风、保暖等功能。专用智能工程眼镜可以通过内置的摄像头和传感器，实时采集工作场景的图像和数据，帮助作业人员精准地定位和操作设备，提高工作效率和安全性。智能服饰品介入户外探险工程，可以集成北斗卫星导航定位模块，提供导航路线、足迹信息、安全围栏等功能，提高探险者的安全性，一旦遇到紧急情况，能够快速定位并寻求帮助。智能服饰品介入户外灾害救援，在自然灾害发生时，可以实时监测生命体征，并在必要时发出预警，同时通过定位模块确保救援行动的高效协调。智能服饰品介入建筑施工工程，防水透湿、抗静电等特性可以保护作业人员免受恶劣天气的影响，并通过集成的技术提高工作效率。智能服饰品介入户外农业作业，可以帮助作业人员监测环境和作物状况，同时保护他们免受日晒雨淋。智能服饰品介入户外工业检测探测，可以帮助工程师实时监测探测设备、环境状态，并及时处理问题。

#### 2.智能服饰品介入军工、航天工程作业

智能服饰在士兵训练领域的应用非常广泛，提高士兵的战斗力和生存能力，作战效率和战斗力。士兵用智能战术服可以通过内置的传感器和电子设备，实时监测士兵的身体情况、

环境温度、氧气浓度信息，提供实时的健康状况和环境信息，帮助士兵更好地适应战场环境。士兵用智能头盔可以通过内置的摄像头和传感器，实时监测周围环境，提供实时的图像和声音信息，帮助士兵更好地了解战场情况。士兵用智能鞋可以通过内置的传感器和电子设备，实时监测士兵的步数、步速、步态等，提供实时的步行状况信息，监测士兵实时位置，帮助士兵更好地掌握自己的步行状态。士兵用智能手套可以通过内置的传感器和电子设备，实时监测士兵的手部动作、力度等，提供实时的手部状况信息，帮助士兵更好地掌握自己的手部状态。伪装服使用智能变色技术与材料，包括热致变色、光致变色、电致变色，实现良好的实践效果。例如电致变色，以聚乙炔、聚苯胺、聚噻吩、聚吡咯及其衍生物制备的导电高分子（CPs）电致变色材料为主要研究点，其变色机理是在外加电场作用下，导电高分子材料经离子掺杂，发生电子得失，从而实现多种颜色的可逆变化，颜色深浅由施加的不同电压控制。这些材料具有响应速度快、颜色变化丰富、对比度极高、循环使用率高、稳定性好、易加工和设计等优点。智能电致变色智能服可以模拟目标背景的颜色，在中红外和远红外波段范围具有可控的红外发射率变化及雷达波吸收性能，能够对抗夜间的可视武器装备。采用聚苯胺、聚二苯胺涂覆于织物表面的电致变色伪装服，除了呈现不同迷彩伪装效果外，还可以通过主动或人工控制，改变红外发射率，达到白天和夜间全天候的红外伪装效果。❶

美国哈佛大学怀斯生物工程研究所设计的"勇士织衣—软体外骨骼"智能作战服，是一种全新的内穿型作战服，具有独特的技术性能特点。一是作战服上布满了小型传感器、功能结构件和致动器，负重智能分布于士兵全身，以减小作用力。二是多种可穿戴在士兵踝部、臀部、膝部和上身的核心部件，能在需要时自动变硬或松弛，减轻负重引起的肌肉骨骼损伤；减少人体代谢消耗，增强人体机能，从而有效提高士兵负重能力。三是采用被动和主动控制技术，通过激发人体肌肉、肌腱和骨骼功能，利用与主动部件串联和并联的弹性元件储存和释放能量，合理利用能量而不会有多余损耗，以降低能耗。同时还能为电池蓄电，重复使用能量来降低能耗。四是采用先进的防弹材料制成，柔韧性和灵活性好，且轻便、舒适耐用。❷

智能太空服是一种能够提供更好保护和支持宇航员在太空环境中工作的服饰装备（图2-7）。太空服通常由多层材料组成，包括防辐射材料、隔热材料、氧气供应系统、通信设备等。其还具有防护功能，可以保护宇航员免受太空中的高温、低温、辐射、微小陨石

❶ 张海煊，黎淑婷，韩丽屏，等.智能服装在军事领域的应用及研究进展[J].纺织导报，2020（2）：73-76.
❷ 卫锦萍.国外军用可穿戴装备发展探析[J].军事文摘，2016（19）：34.

等的伤害。智能太空服可以通过内置的传感器和计算机系统来监测宇航员的身体状况和环境变化，并自动调整温度、氧气供应、压力等参数，宇航员在太空站工作时的心率和机体功能水平，仍通过医疗级设备进行监测。宇航员使用的智能背心，可以实时监测航天员在太空中的生命体征和生理变化，包括连续测量心率、呼吸频率、血液氧饱和度、体力活动和皮肤温度，以及动脉收缩压连续记录。宇航员在飞行前连续穿戴此智能背心72小时，然后在飞行中再连续穿戴该智能背心72小时，除洗漱时间或其他必要活动之外，宇航员都穿着这款智能背心，不影响任何活动，可照常工作和睡觉休息。

图 2-7　智能化航天、航空服饰装备概念图示（AI 生成）

### 3. 智能服饰介入水下与海洋工程作业

智能服饰品在水下与海洋作业中的应用可以提高探险的效率和安全性。智能潜水服支持水下通信和导航功能，可以监测潜水员的生命体征，如心率、呼吸。智能潜水镜可以通过内置摄像头和传感器来捕捉水下环境的图像和数据，并将其传输到潜水员的头盔上，帮助潜水员更好地了解水下环境（图2-8）。智能救生衣可以通过内置的传感器和GPS来监测潜水员的位置和生命体征，并在发生紧急情况时自动充气，以提供浮力和保护。智能潜水鞋可以通过内置的传感器和导航系统来帮助潜水员更好地控制自己的位置和方向。

图 2-8　智能性服饰品广泛应用于海洋作业概念图示（AI 生成）

#### 4.智能服饰品介入特殊环境工程作业

智能服饰品在特殊环境工程作业中的应用正变得越来越重要，石油化工、矿山等行业的作业人员面临着极高的安全风险，智能服饰品的介入可以提高作业人员的安全性和工作效率。智能服饰品集成传感器，可以实时监测环境中的气体成分，一旦检测到危险气体、辐射指标超标，立即向作业人员发出警告，确保他们及时撤离危险区域。智能服饰品能够监测穿戴者的体温和生理状态，同时提供防病毒功能，可以保护作业人员免受病原体侵害。智能服饰品能够介入极端温度环境作业，当作业人员在极寒或酷热的环境中工作，如极地探险或钢铁厂，智能服饰品可以通过内置的温度调节系统，保证作业人员的体温在舒适范围内。智能服饰品能够介入高空作业，如在高楼大厦或悬崖峭壁上作业，其集成定位系统和防坠装置，可以保障作业人员的安全。智能服饰品能够介入化学污染环境作业，在化工厂或有毒物质泄漏现场，其可以监测环境中的化学物质浓度，并启动保护装置。智能服饰品能够介入强电磁场环境作业，如在电力设施或通信基站作业，智能服饰提供电磁屏蔽，保护作业人员免受电磁辐射的影响。智能服饰品能够介入生物安全实验室作业，在这些实验室中，研究人员可能会接触到危险的病原体，其可以提供生物防护功能，防止病原体的扩散。智能服饰品能够介入应急救援行动，对于在自然灾害或事故现场进行救援的作业人员，其可以提供实时通信和定位服务。

### （二）智能服饰介入体育竞赛与运动锻炼

智能服饰在体育运动中的应用越来越广泛，能够根据不同的运动场景提供不同的智能效应，帮助运动员监测身体状况、提高训练效果、预防运动损伤。智能服饰品通过内置的传感器和芯片来监测运动员的心率、呼吸、步数、速度、距离信息，并将这些数据传输到手机或电脑上进行分析和记录，以帮助运动员了解自己的身体状况，调整训练计划，提高训练效果。智能服饰品还可以通过振动、声音等方式，提醒运动员注意姿势、呼吸等问题。

#### 1.智能服饰品介入体育竞赛与训练

智能服饰应用于体育竞赛涉及三个方面，一是对运动者的生理信号，如心率、体温、血氧，进行监测，二是对运动者予以一定的物理保护，三是辅助运动员做出更优的竞赛策略。智能服饰品支持对竞赛中的运动员进行性能追踪与分析，智能运动服饰可以集成传感器，如心率、速度和加速度计等，实时追踪运动员的活动数据。这些数据有助于教练团队分析运动员的表现，优化训练计划和比赛策略。

智能服饰品关注运动员伤害预防与康复，通过监测运动员的生理指标和运动模式，可以帮助预防运动伤害的发生。一旦发现潜在的风险，教练和医疗团队可以及时采取措施，防止伤害发生。智能服饰品支持竞赛中实时监测运动员的竞技状态，如疲劳程度、肌肉活动等。

芬兰极地（POLAR TEAM PRO）实验室为职业运动员打造了一款智能服装，基于GPS的运动员追踪系统设计，捕捉分析运动员日常训练、作息等行为习惯，结合人体工程学设计，将运动传感器内置于衬衫内部缝合处，穿着者无须佩戴其他电子设备，教练即可实时监测运动员的运动信息。衬衫后部置入一款带有GPS的微型传感器，用于监测运动员在训练中的参数，如速度、距离和加速度。运动员训练中的实时数据同步到教练的手机端，教练可随时掌握每位运动员的状况，并根据数据变化，及时调整训练计划。

智能服饰品为运动员提供模拟训练环境，结合VR和AR技术，通过传感系统提供即时反馈，使他们能够在更复杂的环境中进行训练，提高适应能力。帮助运动员纠正动作技巧，提高技能水平。智能手套可以监测手部的运动轨迹，帮助棒球或高尔夫球手改善挥杆动作。智能滑雪服饰使用戈尔特斯（GORE-TEX）高性能防水透气材料，能有效阻挡外部水分渗透，同时保持内部湿气排出，同时采用3M公司新雪丽（Thinsulate）材料，即使在极端寒冷的条件下，也能提供良好的保温效果。搭载智能温控技术，将柔性薄膜太阳能电池板应用于滑雪服饰中，利用太阳能为服饰的加热系统提供能源，实现环保和可持续的保暖解决方案，允许穿着者根据外部环境和个人需求，自主调节服饰的加热系统，以保持最舒适的体温状态（图2-9）。

智能服饰品支持运动员与观众互动，某运动服饰配备了智能LED显示屏，可以显示队徽、标识或动态图案，使观众更容易分辨运动员并增加观赏性。

图2-9 智能化滑雪服饰概念图示（AI生成）

智能服饰品降低了残障人士参与体育活动的门槛，提高了他们参与体育竞赛的意愿和能力。通过智能服饰品的辅助，残障人士能够更公平、更便捷地参与体育活动，体现了社会的包容性和公平性，增加社会对残障人士的关注，提升了社会对残障群体的支持和尊重。智能服饰品支持无障碍体育竞赛项目，为残障人士提供无障碍体育解决方案，使他们能够更好地参与到体育活动中。

**2.智能服饰品介入日常健身运动**

在日常运动锻炼场景中，智能服饰辅助记录用户生命体征数据，记录运动数据，如步数、距离、消耗的卡路里，帮助用户随时掌握自身运动情况。在游泳时，智能运动服饰品可以提供水温、游泳速度、游泳姿势等数据，传感器可以监测运动者的心率、呼吸、体温、肌肉疲劳等生理指标，记录运动者的运动轨迹、速度、加速度等运动数据。在跑步时，智能服饰品可以提供GPS定位、路线规划、音乐播放等功能，配备定位、紧急呼叫功能，帮助人们在紧急情况下及时求助。一些智能服饰品配有智能反光条或LED灯，以提高夜间行人或骑行者的可见度，增加安全性。美国品牌拉夫劳伦（RALPH LAUREN）联合OMSignal推出的智能网球衫，将可检测心率、呼吸的心理压力传感器织入布料，并与防水且续航能力达到30h的"黑盒子"连接，监测人体情况，如劳累程度。美国罗莫伯泰公司（LUMO BODYTECH）研发了LUMO RUN智能跑步姿势追踪器，在智能跑步短裤内置入多种传感器，监测人体运动指标，如穿着者的跑步节奏、足部与地面接触时间、骨盆旋转角度和步伐长度等，追踪器可将数据发送到配套的接收器上，穿着者通过查看各种数据，及时调整运动姿态。加拿大阿斯特罗斯金（Astroskin）公司研发的Hexoskin智能紧身运动衣采用智能织物，可监测运动心率、呼吸频率等体征，并将数据发送到蓝牙适配器上。将微型传感器植入T恤衫中，可让穿着者在运动时实时收集各种数据，指导运动计划，在日常生活中，穿着这样的单品还可以测量心率、步数、卡路里消耗和呼吸等数据，追踪睡眠和环境，包括睡觉姿势，以及心跳和呼吸活动等，以便及时观测自身健康，做出正确预案。目前运动领域较为成熟的智能服装是将小型电子传感器内嵌于运动文胸或运动衣中，用于监测心率或心电。考虑运动过程中皮肤移动对传感器监测精度的影响，柔韧、有弹性的传感器成为当前智能传感的研究重点。❶智能服饰品帮助运动者全方位地监测自己运动时所消耗的能量及产生的热量，以便制订运动计划。所有数据还可通过蓝牙同步到配套的应用程序中，或者在线上传，以供有更高要求的用户连接到远程教练实时查看。❷

## 第四节　智能服饰品涉及的新材料新技术

当前"智能"主要通过两种方式实现，一类是在服饰中应用智能材料，包括形状记忆材料、相变材料、变色材料和刺激材料；另一类是将传感技术、微电子技术和信息技术引入人们日常穿着的服饰品中，包括应用导电材料、柔性传感器、低功耗芯片技术和电源等（图2-10）。

❶ 王朝晖，程宁波.智能服装的应用现状及发展方向[J].服装学报，2021，6（5）：451-456.
❷ 张灏，周晓帆.智能可穿戴服饰设计新技术及其应用[J].针织工业，2022（1）：57-60.

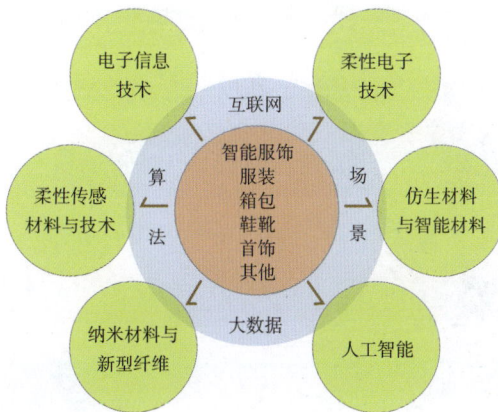

图 2-10　智能服饰品的新材料与新技术

# 一、柔性电子材料与技术视野下的智能服饰品

## （一）电子信息技术

电子信息技术（Electronic Information Technology）在智能服饰中的应用非常广泛，智能手环、智能手表等穿戴式设备就是利用电子信息技术来实现数据的采集、处理和传输。一些新型的智能纺织品，如可穿戴式传感器、可穿戴式显示器等也是利用电子信息技术来实现其功能。随着智能可穿戴设备逐渐流行，电池续航时间成为消费者选择购买智能可穿戴产品时所考虑的最重要的因素之一。目前可用于智能可穿戴设备的电池主要有能量收集器、锂离子电池和薄膜电池和石墨烯电池四类，其中石墨烯电池被认为是目前所有类型中能量密度最高、电量存储能力最强的电池。

多数智能服饰品依托移动终端来进行数据接收和分析，作为一种基于移动互联网、具有高性能、低功耗特点的智能终端，需要依托电子移动终端来进行数据的接收和分析。对于智能服饰品应用而言，短距离无线通信技术更适合用户之间、其他便携式电子设备之间的数据通信和信息共享。目前智能服饰品终端的通信大部分基于无线局域网（WLAN）、蓝牙、射频识别技术（RFID）等短距离无线通信技术。

## （二）柔性电子技术

柔性电子技术（Flexible Electronics）是指采用柔性材料制造电子器件的技术，这些柔性材料可以在弯曲、拉伸、扭曲等形变情况下，依然保持良好的电性能和机械性能。相比于传统的硬性电子器件，柔性电子器件更加轻薄便携、可弯曲和可穿戴。柔性传感器如弯曲传感器，包括压力传感器、温度传感器；柔性光电器件如柔性太阳能电池、柔性LED，纱线态柔性电子显示装置（图2-11）；柔性储能器件类包括柔性电池、超级电容器，柔性电子皮

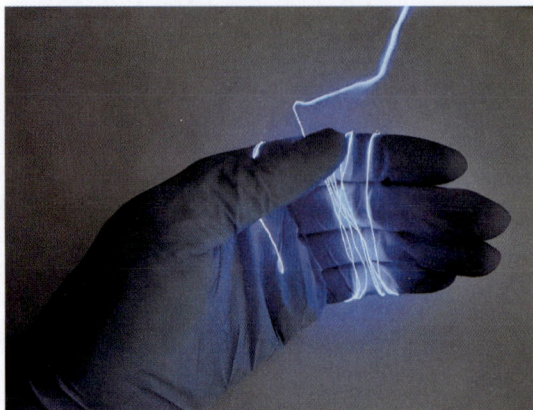

图 2-11　纱线态柔性电子显示装置（AI 生成）

肤如人机交互终端。柔性电子技术具有更高的适应性和可靠性，可以更好地适应复杂的环境和使用场景。随着柔性电子技术不断发展，它将会成为未来电子技术的重要发展方向之一。

智能服饰需要嵌入各种传感器、芯片等电子元器件，以实现多种智能化功能，如监测健康指标、测量体温、记录运动数据等。这些元器件需要满足柔性、轻薄、可穿戴等要求，才能被嵌入服饰中，支持舒适度和使用体验。利用柔性电子技术制造的智能服饰不仅具有更好的柔性和舒适度，而且可以更好地适应不同的人体形态和运动状态，从而提高其智能化功能的可靠性和精度。柔性电子技术与智能服饰密切相关，两者结合可以制作出更加智能、舒适、个性化的智能服饰产品。

## 二、柔性传感材料与技术视野下的智能服饰品

### （一）柔性传感材料

柔性传感材料（Flexible Sensing Materials）是一种可以弯曲、拉伸和变形的材料，柔性传感材料可以用于制造智能服饰中的传感器，包括压力传感器、温度传感器、拉伸传感器。当前新型柔性触觉传感器、柔性气体传感器、柔性光电传感器、柔性电池等元器件在智能制造、机器人、可穿戴式器件领域被广泛应用。

柔性传感材料包括柔性压力传感器材料，如导电橡胶、导电纤维、碳纳米管；柔性应变传感器材料，如聚合物、金属箔、纤维光学传感器；柔性温度传感器材料，如热敏电阻、热电偶、红外线传感器；柔性湿度传感器材料，如电容式传感器、电阻式传感器、纳米纤维传感器；柔性光学传感器材料，如光纤传感器、有机半导体传感器、量子点传感器；柔性化学传感器材料，如电化学传感器、生物传感器、气体传感器；柔性声波传感器材料，如压电材

料、表面声波传感器。

## （二）柔性传感技术

柔性传感技术（Flexible Sensing Technology）是一种新型的传感技术，它可以将传感器集成到柔性材料中，使传感器可以适应不同的形状和曲率，搭载于各类服饰品。利用柔性传感技术和智能算法，将传感器集成到服饰品中，实现对人体姿态、运动、生理状态等信息的实时监测和分析。柔性传感与智能服饰的应用领域非常广泛，包括健康管理、运动训练、医疗康复、智能家居、虚拟现实，例如，在提升健康生活品质方面，智能服饰可以实时监测用户的心率、呼吸、血压等生理指标，通过智能算法进行数据分析，为用户提供个性化的健康管理方案。在体育运动方面，智能服饰可以实时监测用户的运动姿态、运动量等信息，通过智能算法进行数据分析，辅助用户提升运动锻炼水平与品质。

运动传感器已经在传统智能终端中应用广泛，主要包括加速度传感器、陀螺仪、地磁传感器、大气压传感器，主要实现运动探测、导航、人机交互和游戏等功能。一款随手势自动旋转界面的智能手表，通过设置在智能手表中的传感器来获取智能手表运动数据变化信息，通过底层驱动和算法处理，输出旋转角度，上层APP根据选择角度进行图形界面的旋转。手表进行运动动作识别，通过重力传感器和陀螺仪检测旋转时生成的旋转信号，仅通过佩戴手表的那只手进行不同的手腕旋转动作，就实现了单手启动应用程序。生物传感器主要用于医疗健康，借助这些传感器可实现健康预警、病情监控。环境传感技术包括温度、湿度、气体、气压、紫外线等传感器，主要用于环境监测、天气预报、健康提醒。在柔性生物传感技术与电子技术领域，相对于传统电子，柔性电子具备更大的灵活性和延展性，能够在一定程度上适应不同的工作环境，满足客户对于设备的形变要求。目前柔性可穿戴电子的研究应用体现在人类生活的诸多方面，如电子皮肤、可穿戴心脏除颤器、置于隐形眼镜中的柔性电路、柔性导电织物键盘、可穿戴式心电呼吸传感器、笔状可卷曲显示器、柔性压力监测鞋垫、薄膜晶体管和透明薄膜柔性电路等，基于柔性传感器构建的健康医疗监测系统越发成熟。

柔性传感材料、技术领域的研究者包括但不限于以下人员，机械工程师设计和制造柔性传感器的机械结构。电子工程师设计和制造柔性传感器的电子部件，如传感器芯片、电路板。材料科学家研究和开发柔性传感器所需的材料，如聚合物、碳纳米管。物理学家研究和开发柔性传感器的物理原理，如压电效应、电阻效应。计算机科学家开发柔性传感器的数据处理和分析算法，以及与其他设备的通信协议。机器人工程师研究和开发柔性传感器在机器人领域的应用，如机器人手臂的触觉反馈。工业设计师将柔性传感器的技术应用于产品设计中，以提高产品的功能和用户体验。柔性传感材料是实现智能服饰柔性化、可穿戴化，并使其适应性更强的重要技术手段之一，在智能服饰领域的应用前景非常广阔。

## 三、纳米材料、新型纤维视野下的智能服饰品

### （一）纳米材料

纳米材料（Nanomaterials）是指在三维空间中至少有一维处于纳米尺度范围或者由该尺度范围的物质为基本结构单元所构成的材料的总称，通常由纳米粒子、纳米管、纳米线等纳米结构单元组成。由于纳米尺寸的物质具有与宏观物质迥异的表面效应、小尺寸效应、宏观量子隧道效应和量子限域效应，因而纳米材料具有异于普通材料的光、电、磁、热、力学、机械等性能。纳米材料可以分为多种类型，包括纳米粉末即纳米颗粒、纳米纤维即纳米管与纳米线、纳米膜、纳米块体和纳米相分离液体等五类。这些特殊性质赋予纳米材料新的物理、化学和生物学性质，在纳米科学、纳米技术、材料科学等领域，有着广泛的应用。纳米材料已被广泛应用于制造智能材料、生物医学材料、能源材料等领域，同时其也具有很高的学术和应用价值。

纳米材料在智能服饰领域的应用十分广泛，可以用于制造智能纺织材料、柔性传感器、嵌入式芯片等元器件。可以在纤维和织物中加入纳米材料，赋予织物新的性能和功能。纳米纤维可以用于制造抗菌、防臭、防紫外线等性能的智能纺织材料，纳米陶瓷颗粒可以用于制造保暖、防辐射等性能的智能纺织材料。纳米材料具有较大比表面积和量子效应等特点，可以制造出高灵敏度、高分辨率的传感器。利用碳纳米管可以制造出高灵敏度的压力传感器，利用纳米金粒子可以制造出高精度的光学传感器。纳米材料可以用于制造纳米电线、纳米管、纳米点阵等元器件，可以制造出更小、更快、更省电的嵌入式芯片，这些嵌入式芯片可以嵌入智能服饰中，实现更复杂、更智能的功能。纳米材料在智能服饰领域的应用非常广泛，可以用于制造各种智能纺织材料、智能传感器、嵌入式芯片等元器件，为智能服饰的发展提供了重要的技术支持。纳米材料可以赋予智能服饰更多的功能，如防水、防污、防紫外线、抗菌等。

### （二）新型纤维

材料是服饰品不断更新迭代的核心内容，随着科技的不断发展，新型纤维（Advanced Fibers）种类也在不断增多。碳纤维具有高强度、高模量、高温稳定性和低密度等特点，被广泛应用于航空、航天、汽车、体育器材等领域。陶瓷纤维具有高温稳定性、耐腐蚀性和低热膨胀系数等特点，被广泛应用于高温炉窑、热障涂层、电气绝缘等领域。高分子纳米纤维是一种以纳米材料为填料的纤维，具有高比表面积、高强度、高导电性和高渗透性等特点，被广泛应用于制造智能纺织材料、过滤材料、细胞培养。生物可降解纤维是一种具有可生物降解性的纤维，能够在生物体内分解，并且不会对环境造成污染，被广泛应用于医疗敷料、

土壤改良、环保材料等领域。金属纤维是一种由金属丝或金属细片制成的纤维，具有高强度、高导电性和高导热性等特点，被广泛应用于电子、能源、机械等领域。新型纤维多种多样，不断涌现的新型纤维为人们的生产生活带来了更加便捷、高效和环保的选择。

北京2022年冬奥会开幕式上，美国代表团穿着拉夫劳伦品牌设计的团服，该品牌首次推出智能绝缘（Intelligent Insulation）技术，是一种温度感应面料，不需要安装其他智能设备或者外接电源装置，仅凭面料本身就能够依据周围环境温度自动调节冷暖。该面料由Skyscrape纺织公司研发，由两种特殊独立的材料组成，当气温下降时，两种材料会以不同的速度膨胀，从而形成空气层，增加服装的保暖性；当环境逐渐温暖时，织物会快速收缩，空气层逐渐减小，以降低保暖性（图2-12）。

图 2-12　拉夫劳伦智能调温服

新型纤维的出现为智能服饰的发展提供了广阔的空间和可能性，新型纤维制造技术可以制造出更轻、更柔软、更透气的纤维，使智能服饰更加舒适。碳纤维、高分子纳米纤维可以用于制造智能传感器、智能纤维加热元件，可以在纤维内部嵌入各种传感器，实现智能检测、数据采集等功能。生物可降解纤维可被用于制造环保型纤维制品，如生物可降解防护服、医疗敷料等。金属纤维可用于制造导电纤维，将导电纤维嵌入服装中，实现服装与智能设备之间的通信和数据传输，新型纤维是服饰的未来。

## （三）新型相变材料

新型相变材料（Advanced Phase Change Materials）广泛用于军事、建筑、医疗卫生、纺织服装、航天等行业。相变材料在服饰品领域的应用形式主要为相变材料和相变面料两种，其中相变面料包括相变材料整理类、涂层类、层压类，以及相变纤维类等常见产品，包括内衣、衬衫、女装、睡衣、工作服和运动服装。相变材料多用于保暖调温类智能服饰，在外界环境温度升高时，含有相变材料的纺织品会吸收热量并存储，降低了体表温度；当外界环境温度降低时，相变材料会放出热量，延缓人体向周围环境散发热量，从而为人体提供舒适的"衣内微气候"环境，使人体在一定时间内处于较为舒适的状态。目前市场上相变材料应用的代表性服装有：美国时尚品牌ISAORA的PCM Insulated Shirt保暖服、意大利戴恩斯（Dainese）公司的Streif顶级滑雪服（内嵌Schoeller PCM智能泡沫插片）、美国雷克兰工业公司（Lakeland Industries Inc）的插袋式防暑降温背心、比音勒芬（BIEM.L.FDLKK）服饰股份有限公司的Outlast空调纤维系列、波司登股份有限公司的登峰2.0系列等。

## （四）新型仿生材料

从自然界的设计和功能汲取灵感，模仿自然界的结构和机制制作新型仿生材料（Advanced Biomimetic Materials），增加智能服饰品的多种性。仿生智能服饰是一种结合了仿生学和人工智能技术的智能服饰品，它可以模仿生物体的结构和功能，使穿着者更加舒适和自然，还可以通过传感器和智能算法来实现自适应、自我调节和智能控制，以满足不同环境和使用需求。仿生服饰品可以根据穿着者的体温、湿度和运动状态等信息，自动调节衣服的通风、保暖和湿度控制，以提高穿着者的舒适度和确保其健康状况。还可以通过智能识别和分析穿着者的行为与情感状态，提供个性化的健康管理和情感支持服务。

材料、方法模仿自然生物的结构、功能和行为，将新型仿生材料应用于智能服饰设计，以模仿人体肌肉和骨骼结构，使智能服饰更贴合身体，可减少不适感。应用于智能服饰的新型仿生材料和制造工艺，使服装更加环保、耐用和舒适。模仿自然界的材料，如蜘蛛丝、贝壳等，具有更好的强度、韧性和透气性。应用于智能服饰品中的仿生材料主要指模拟自然界生物体，包括天然纤维和自然界生物的结构、形态，以及模仿其独特功能、性能而开发的，具有某种特殊性能并适用于服饰品的材料。当前常见服饰用仿生材料包括具有良好的生物相容性和生物活性的生物陶瓷，具有高强度、高韧性和生物相容性的生物纤维素，具有良好的生物相容性和生物活性的生物胶原蛋白，具有良好的生物降解性和生物相容性的生物降解塑料，具有响应性、自修复性、自适应性等特性的生物智能材料，以及模仿生物体的结构和功能的生物仿生材料等。

北京服装学院陈丽华教授报告了一款仿生服饰研发案例，以北极熊毛发为研究对象，研发仿生保暖功能材料。北极熊不怕寒冷，是因其毛中间为空的管状结构，每一根毛都相当于一根微小的"光导管"。这种"光导管"能让外界的紫外线透入，并把它阻隔在里面，再将光能汇集到表皮上转化为热能，并通过皮下血液将热能输送到全身。其毛皮不仅保温性好，而且有自动增温的作用，科学家模仿北极熊毛的结构，研制出一种质量轻、弹性高、保暖性好的中空纤维。由于纤维的比表面积大，还具有很好的导湿功能，可用于缝制保暖内衣、衬衫、袜子、滑雪服、登山服、睡袋及防寒军服等。近几年的冬季奥运会中，许多著名的运动

员均身着此面料制成的运动服。❶

　　东华大学的王莉、张冰洁等探讨了仿生鸟羽结构对针织织物热湿性能的影响，以便更好地提升国内滑雪保暖裤的穿着舒适性。该团队通过融合仿生学和提花设计手法，改变织针成圈方式，根据羽毛微观结构特征，开发了八种不同组织结构的仿生针织运动面料；在热阻、保温率、透湿率、透气率和经纬向芯吸高度等单一指标对比的基础上，建立灰色近优矩阵，进一步综合评估面料热湿性能优劣；基于男性下肢局部出汗、热分布特征，提出各面料组织的应用建议。结果表明：凹槽Ⅰ类、仿羽片面料吸湿透湿性好，仿羽小枝、仿羽枝、凹槽Ⅱ类面料保暖性优异，空泡状Ⅰ类和空泡状Ⅱ类面料透气性突出❷。

　　研究者发现鲨鱼皮上粗糙的V形结构可以巧妙地产生水涡流，大幅减少水流的摩擦阻力，从而获得更高游速。澳大利亚品牌速比涛（SPEEDO）模仿鲨鱼皮肤的原理，研究开发了"鲨鱼皮"系列泳衣。这种全身包覆泳装根据游泳竞赛中男女运动员身体不同部位对水的阻力不同，采用两种不同性能的织物在表面轧花，形成花纹形状，织物作丝光处理和涂层处理，以使其表面平坦光滑，模仿鲨鱼皮实现拒水提速效果（图2-13）。

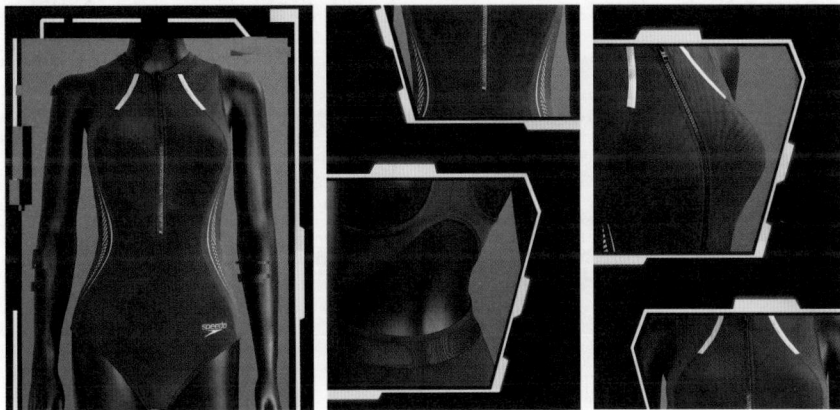

图2-13　速比涛2023年秋季款电气矩阵黑标复刻鲨鱼皮泳衣

　　智能纤维防弹服是一种采用高科技纤维材料制作的防护装备，具有轻质、柔软、舒适的特点。它能有效地吸收和分散子弹或弹片的冲击力，保护穿着者免受伤害，还具有抗撕裂、耐磨损、防水、防火等特性，能够在各种恶劣环境下保持高性能（图2-14）。新型智能纤维防弹服饰使用天然蜘蛛丝类材料，是目前世界上最结实、坚韧且具有弹性的纤维之一，具有

❶ 陈丽华. 仿生纺品与服装[J]. 北京服装学院学报（自然科学版），2011，31（1）：70-76.
❷ 王莉，张冰洁，王建萍，等. 基于仿生学的冬季斜织运动面料开发与性能评价[J]. 纺织学报，2021，42（5）：66-72，89.

极好的机械强度，其强度远高于蚕丝和涤纶，刚性和强度低于凯芙拉合成纤维（KEVLAR）和钢材，但其断裂性能位于各纤维之首，高于杜邦公司凯芙拉合成纤维和钢材。凯芙拉纤维虽可用作防弹服，但其断裂伸长率只有4%，韧性不足；而蜘蛛丝的断裂伸长率可达14%，韧性极佳。蜘蛛丝是自然界中最高级的生物聚合物，在许多领域有着极其重要的用途。科研团队将蜘蛛丝蛋白质中分离出的基因移植到山羊的乳腺细胞中，再从山羊的乳液中提取类似蜘蛛丝的可溶性蛋白，研制出模仿蜘蛛吐丝的最新技术，开发出新一代动物纤维，被誉为生物钢材。它能够制造出轻得令人难以置信的织物，具有蚕丝的质感、光泽和极好的弹性，坚韧防弹。适用于手术缝合线、防弹衣及装甲防护等。❶

图 2-14　智能纤维防弹服概念图示（AI 生成）

　　仿生变色纤维训练服采用先进的仿生技术与变色纤维材料，能够根据周围环境的变化自动调整颜色，可以提供优秀的伪装效果，在实战训练中能大幅提升士兵的隐蔽性和生存率（图 2-15）。研究者模仿变色龙的皮肤开发出随着地貌环境的变化而变色的士兵野外训练专用服饰，它由变色

图 2-15　仿生变色纤维士兵训练服概念图示（AI 生成）

纤维制成，或是采用变色染料印染而成，在不同的地方会变成与环境相近的颜色，在雪中变成白色，在沙地中变成黄沙色，在热带丛林中则变成绿色，从而具有隐蔽和保护的功能。随时都会"消失"于背景中，达到伪装和隐蔽自己的目的。研究者研制出一种新型化学纤维，它并不是随着环境的变化马上改变颜色，而是有一定时间的稳定性和变色的滞后性，在受到一定光照改变颜色后，可保持一定的时间。

　　一款自动适应天气变化的仿生智能服，具有散热、保暖和除湿的功能。该服装面料是运用最新微观技术制成的特殊功能的双层智能面料，表层分布着无数微小的凸起。这些凸起的功能类似松球上的鳞片，直径不超过$5\mu m$，由羊毛等吸水性强的材料制成。当人体变热出

❶ 陈丽华. 仿生纺品与服装 [J]. 北京服装学院学报（自然科学版），2011，31（1）：70-76.

汗时，面料上凸起的"鳞片"在水分的作用下打开，外界空气进入孔隙，使水分蒸发，从而起到降温作用。水分蒸发完毕，"鳞片"会恢复最初的关闭状态，阻止热量的流失。面料底层是一种致密的材料，能防止表层"鳞片"开启时被雨水淋透。[1]一款够读取环境信息，智能改变颜色与图案的服装，基于智能变色纺织材料，能够对外界环境因素，如光源、温度等变化作出响应，其原理在于机敏变色材料的分子结构在受到刺激后会发生重排、开环闭环、互变异构等变化，导致共轭体系改变，使材料变换颜色。通过集成传感器和图像处理技术，能够实时读取环境中的图像信息，根据预设算法自动调整颜色和图案，以适应环境或表达特定信息（图2-16）。将导电材料、电子元器件、传感器及显示材料集成到织物中，使服饰具备动态显示功能。将聚合物太阳能电池和有机发光二极管集成到织物中，实现由太阳能直接供电，去除对外部电源的依赖，同时解决透水性问题，使服饰可水洗。这种服饰能为穿着者提供无限的造型变化，增加服饰的趣味性和个性化。

图 2-16　读取环境信息智能改变颜色与图案的服装概念图示（AI 生成）

　　仿生智能散热保暖运动服俗称"会呼吸的运动服"，研究者将纳豆芽孢杆菌添加到服装面料中，由于纳豆芽孢杆菌对水分和湿度有良好的响应性，服装会根据穿着者背部汗水和热量的变化，"智能"地对背部衣片实施"开启"和"关闭"操作，实现服装散热或保暖功能的转化。[2]一款仿生智能散热保暖运动服采用仿生技术，能够在不同环境条件下自动调节服装的散热和保暖性能，以适应身体的需求和外部环境变化（图2-17）。服装内置温度传感器和湿度传感器，实时监测穿着者的体温和汗液情况，通过与智能设备的连接，

图 2-17　自动调节散热保温的智能运动服概念图示（AI 生成）

[1] 陈丽华. 仿生纺品与服装[J]. 北京服装学院学报（自然科学版），2011，31（1）：70-76.
[2] 孙迪，李维贤. 近年仿生服装设计的特点[J]. 纺织导报，2018（1）：79-81.

提醒穿着者适时调整衣物或活动强度。

　　澳大利亚伍伦贡大学（University of Wollongong）的一个研究小组历经数年研制出了一款名为仿生罩（Bionic Bra）的智能内衣，其"聪明"之处在于这款内衣能够借助智能布料、3D打印和仿生肌肉等多种黑科技，精准地判断出人体的移动状态，自动对内衣的松紧度做出调整，让使用者始终处于舒适的状态。一款智能仿肌肉结构运动服，内嵌高精度传感器，精确捕捉肌肉活动时的变化，提供辅助的绷紧、放松智能调节，包括肌肉的伸展、收缩，以及其疲劳程度。根据数据，实时调节衣服中集成的智能纤维的紧绷度或放松程度，以支持肌肉的运动，减少受伤风险。通过特殊的材质分布和结构设计，能够在关键部位提供额外的支撑，同时在视觉上增强肌肉的轮廓，使穿着者的体型看起来更为健硕，在视觉上强化穿着者的肌肉线条（图2-18）。

图 2-18　智能仿肌肉结构运动服概念图示（AI 生成）

# 第五节　智能服饰品案例分析

## 一、智能调温服饰品

　　智能调温服饰品搭载了某一类型材料或者是器件，能够主动干预其带给人体的温度的感受，可以实现升温保暖、降温散热的效果（图2-19）。这种主动干预帮助人们更加自如地应对某一类天气环境，服饰品本身更轻便，更加利于日常的活动。

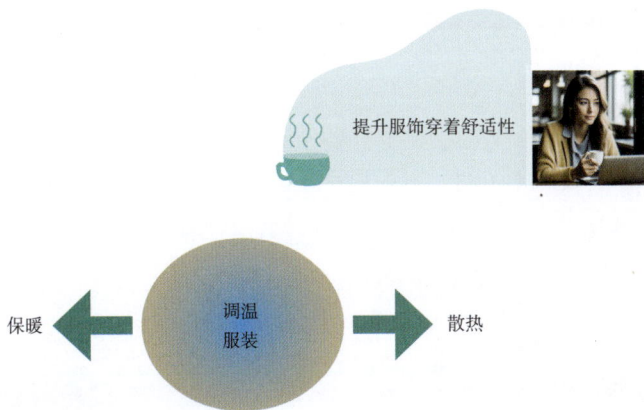

图 2-19　智能调温服饰品

### （一）智能调温服饰品的发展与迭代

智能调温服饰品是一种利用先进技术自动调节穿着者体温的服装，它们代表了纺织行业与科技紧密结合的发展方向。早期的智能调温技术是为了保护宇航员免受太空温度激烈变化的伤害而开发的。美国国家航空航天局将具有调温效果的微胶囊置于纺织品中，制作了早期的调温宇航服。智能调温的关键在于能够感知环境温度变化的相变材料。这些材料通过状态改变，例如，从固态到液态，储存或释放能量，从而维持面料温度的恒定。随着微胶囊技术的发展，这些微小的胶囊被嵌入纺织纤维中，能够在环境温度变化时吸收或释放热量。在炎热的环境中，相变材料由固态变成液态，吸收热量使人体感到凉爽；在寒冷的环境中则相反，从而提供温暖。智能调温服饰品的发展还包括调控衣物的热辐射性质、热传导性质、主动加热制冷，以及实现对环境变化智能响应的不同工作机制。这些机制要求使用不同的材料和技术，各有其优缺点。未来的智能调温服饰品可能会进一步融合电子器件，例如，传感器和加热元件，以更精确地控制服装的温度调节效果，可以通过移动应用进行远程控制，或者根据个人的生理反应自动调整温度。尽管智能调温服饰品的技术不断进步，但从实验室到市场的转变仍然面临许多挑战。其中包括成本、耐用性、洗涤安全、长期性能稳定性及消费者的接受度等问题。随着材料科学、纺织技术和电子工程的进步，智能调温服饰品将继续发展，并可能成为日常生活中的标准装备。它们将为人们提供更舒适的穿着体验，尤其是在极端气候条件下，减少能耗，同时提高能源效率。智能调温服饰品的发展是一个不断进化的过程，涉及多学科领域的交叉融合。随着技术的成熟和市场的接受，它们有望为用户提供更高水平的个性化保护。

### （二）智能调温服饰品案例

智能发热服装主要是指电发热类智能发热服装，即以电能为能源，将电能转化为热能以达到保暖御寒作用的服装。其将发热装置与纺织品面料相结合，能够主动产热且温度可调控。其发热装置包括发热元件、蓄电池、导线、温控装置及温度传感器。目前发热层温度设计在45℃左右。

电发热服装的核心是发热元件，其品质和性能是发热服装走向产业化的关键。发热元件材料由金属丝发展到碳纤维，再到石墨烯，电热转换效率越来越高，解决了传统产品不能持久发热的问题。目前市面上发热服装的发热片一般位于前胸和后背，也可根据需求定制，将发热片配置到发热服的不同部位。随着技术的发展，智能电发热服的市场竞争终究会转化为发热材料性能的比拼，如材料的发热功耗、舒适性及与纺织材料的兼容性等。❶

智能发热服装是现今研发以及销售中最受欢迎的智能服饰产品之一，依托智能发热技术，精确地温度控制系统，通过将碳纤维、石墨烯等高效发热材料融入，结合时尚的设计，为用户提供了更加舒适和便捷的时尚保暖选择。科技人员可以通过两种方式来实现服装的发热功能，一种是只做发热模块，把发热模块植入服装当中；另一种是生产出可加热的纱线，直接用可加热的纱线面料来制作服装。现行实现服装的发热功能一共有四种方法，即电子加热、相变材料、化学加热和热流体加热。目前绝大多数的发热服装都采用电子加热的方法来达到目的，因为电子加热可以实现预先设定的调温。一部分发热服装也使用相变材料来达到控温的效果，相变材料可以实现双向控温，它既可以在温度高的时候通过液体吸热来降低温度，又可以在相对较冷的条件下通过固化放热来实现升温。❷

### 1.离子加热马甲

离子马甲搭载金属纤维发热丝，内里采用银离子面料，可抗菌、止痒、除异味，无有害辐射、性能稳定、安全可靠、环保节能、柔软舒适、防静电，有远红外发热、编织绳USB/5V接口，引用人体科学化针对背部易发凉部位设计加热区域，操作方便简单一键加热，三挡温控，快速发热。马甲可水洗，电源接口使用绝缘防水处理。

### 2.石墨烯发热服饰品

石墨烯是"碳材料家族"中的一员，是目前发现的最薄、最坚硬、导电导热性能最好的一种新型纳米材料，被称为"黑金"和"新材料之王"。石墨烯发热服饰品就是基于单层石墨烯材料的导热性和电子迁移率高且变化小的特征，在通电后将电能高效转化为热能，从而提供保暖功能。石墨烯发热服饰品利用石墨烯材料的高效导热和导电特性，为穿着者提供即时的温暖，通常包含内置的石墨烯加热元件，可以通过便携式电池组或USB接口供电。用

❶ 王祯，施养承，田明伟.智能发热服装研究现状及发展趋势[J].山东纺织科技，2020，61（3）：1-3.
❷ 聂耀阳，张丹.智能服饰未来发展走向浅析[J].轻纺工业与技术，2021，50（2）：55-57.

户通过简单的按键操作或智能手机应用，即可调节温度，满足不同环境和个人需求，适合户外运动、冬季保暖，以及需要主动供热的场合，提供了一种安全、便捷的保暖新选择。北京2022年冬奥会为工作人员装备了应用石墨烯发热技术研发的发热围巾、手套、袜子等，可为工作人员实现38～52℃温度调节，满足低温环境人员保暖需求；另外，冬奥期间对讲机、云转播包、手机、摄影机等专业设备也会配备石墨烯保暖设备，保障其在零下20℃可正常开机使用，提升专业设备低温环境的工作效率和时长。❶

### 3.智能电热鞋

智能电热鞋由耐用的材质制成，内置发热元件和温度控制系统，是将电能转换为热能的一种功能鞋，电能由可以充电的聚合物锂电池提供，用户可以根据个人需求调整鞋内温度，具有良好的防水和保暖性能，适合在寒冷的冬季或户外活动中穿着。

### 4.波司登登峰2.0系列智能滑雪服

波司登将多个科技功能"首次"应用在服装中，在基础的保暖性能上，登峰2.0系列采用了中国航空智能调温材料，首次将航空技术材料运用于服装领域，即使处于极寒和极热环境，也能维持31～33℃的恒温体感温度。该系列产品同时融合北斗卫星导航定位技术和5G通信技术，可以连接智能手机，绑定紧急联系人，当在户外身遇险境时，可以及时发送求救信号（图2-20）。

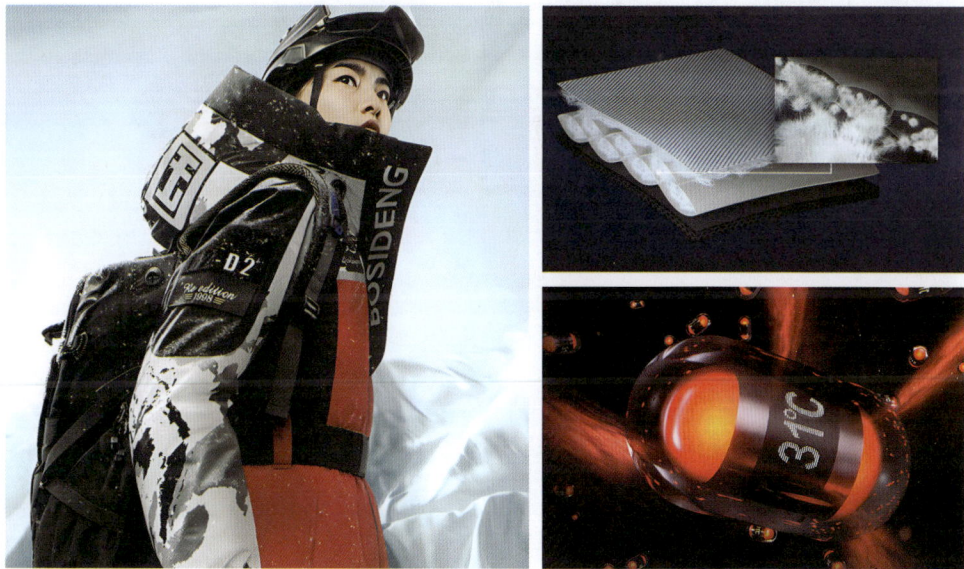

图 2-20　波司登登峰 2.0 系列智能滑雪服

❶ 赵玲.石墨烯发热服为冬奥留住温度[N].北京科技报，2022-01-10.

### 5.智能仿生空调服

智能仿生空调服搭载智能温度管理系统，模仿人体微血管工作原理，通过嵌入式微型管道系统，实现热量、湿度的动态调节以及自动温度调控。高透气性材料及低能耗设计，为用户提供持续且舒适的温度环境，适合在极端环境下使用（图2-21）。一款智能仿生空调服，包括空调服本体、智能手表和无线温湿度传感器，特定区域内均设有冷却水输送系统，配套的智能手表通过蓝牙连接控制器。该仿生空调服的工作原理为水泵工作把背包水囊内的液体通过迷宫滴灌带输送至空调服本体的外层，因为空调服本体的外层具有亲水性，可快速地把水展开，水展开后在空调服本体上形成透湿层，通过外界的自然风和太阳的照射，其从液体汽化蒸发吸热，能效比大，散热降温效果更好，对人体和人体的外侧区域进行吸热降温，同时模拟人体排汗系统，达到人体清凉的情况，本发明通过智能手表连接控制器，控制水泵工作和流量，可调节散热量，实现实时可控。

图2-21　智能仿生调温服饰概念图示（AI生成）

### 6.新型材料降温服

采用新型材料并搭配智能装置的降温服，穿着舒适、绿色环保，具有良好的应用空间。研究者研制了一种适用于制作蒸发降温服的三层缝合纺织品材料，超吸水层是一种非织造毛毡，纤维素纤维与聚丙烯酸酯纤维混合后黏合在一起，降温材料浸入水中1~2min，降温效果可保持5~10h。在服饰的织物上使用变形细菌，使其对湿度敏感，在室温下将细菌放在乳胶两侧保持不变，当一侧暴露在高温中时，细菌的扩张导致乳胶向外弯曲，通风口打开，汗水蒸发并降低穿着者体温。

一款出汗时可自动通风的生物智能服，在后背位置安装了一块半柔性太阳能板，经过一块控制器给2个蓄电池组，分别为6个半导体制冷片和6个风扇供电，这种降温服节约能源、绿色无污染。一款由纳米多孔聚乙烯材料制成的常规版型的女士商务衬衫，实现可接受的空调设定点温度从25.5℃增加到27.0℃，从而节省9%~15%的冷却能量。在纺织品上涂一层Al2O3分散的醋酸纤维素，可使纺织品的太阳能反射率从62.6%提高到80.1%，以此达到降温目的。❶

### 7.气体降温服

气体降温服以环境空气或压缩空气为降温介质，通过通风管道将空气吹向服装微气候区，从而达到降温效果。根据散热方式的不同，气体降温服分为蒸发型气冷服和对流型气冷服。蒸发型气冷服主要利用水汽压梯度来促进汗液蒸发散热，其将风扇缝制在背心中，利用风扇形成的强对流空气，促进人体皮肤表面的汗液蒸发，通过微电池驱动风扇运转，达到降温目的，这款降温服的穿着舒适性更高。对流型气冷服则主要利用压缩空气在撤去外力后恢复到原来体积时会变冷这一特性，实现降温效果。其原理为当空气压缩机把空气净化冷却后，通过高压管将空气输入降温服内，气体与人体产生热对流交换，从而对皮肤表面进行降温。

### 8.液体降温服

液体降温服主要由服装、冷却液循环系统和附件组成，冷却液循环系统决定了降温服的降温性能和效率，并影响着人体穿着的舒适度。液体降温服的工作原理是利用微型泵将预冷过的液体通过降温服中的换热管路输送到人体全身或需要降温的部位，使预冷液体与人体产生热交换从而进行降温。

### 9.相变材料降温服

相变材料降温服是利用相变材料在环境温度高于相变点时融化吸热，低于相变点时凝固放热的特性进行工作的。相变材料降温服的降温介质包括冰、干冰、凝胶、相变材料、微胶囊相变材料等。❷相变材料（Phase Change Material，PCM）降温服主要利用材料在固液转换过程中吸收和释放热量的特性来调节穿着者的身体温度。这种服装内嵌有特殊的相变材料，它们在一定的温度范围内能够从环境中吸收热量并进行相变，通常是从固态转变为液态。这个过程中，材料吸收周围环境的热量，包括人体产生的热量，使穿着者感到凉爽。当相变材料达到一定温度或条件时，可以再次变回固态，将之前吸收的热量释放出来。具备多个特点和优势，包括物理降温、调节微气候、使用简单、改善工作效率等。相变材料降温服也存在

❶ 党天华，赵蒙蒙，钱静.降温服的研究现状及应用前景[J].毛纺科技，2021，49（6）：95-100.
❷ 柯莹，张海棠.降温服的研究现状及发展趋势[J].服装学报，2020，5（1）：40-46.

一些挑战需要解决。例如，如何提高材料的蓄热能力、维持更长时间的冷却效果，以及如何解决相变材料的变形、泄漏等问题。

## 二、生命数据监测智能服饰品

### （一）中老年人生命数据监测智能服饰品

老年人反应迟钝，日常生活中难免出现摔倒等情况，易产生不好后果且不易恢复，智能服装能够感知老人摔倒这一动作，对老人的亲属或周围人群发出警报，使老人得到及时有效的救助，则能有效避免意外发生。

研究者研发了一种以 STM32 单片机为主控制器、ADXL345 倾角加速度传感器为摔倒监测装置的智能报警服装，可以实现无线定位、发送短信、声音报警等功能，实时监测老年人的行走状态。设计师为实现的功能设计了多模块，GPS 模块实现定位的功能，蜂鸣器模块实现报警的功能，全球移动通信系统（GSM）模块实现通信的功能，ADXL345 倾角加速度传感器实现摔倒监测的功能。设计师通过将智能元件与服装进行结合，将移动手机卡插入 GSM 模块的卡槽当中，并将传感模块安置到服装中的特定位置，以此来实现智能模块的灵活拆卸。在摔倒监测算法实现过程中分了四个顺序运行等级，分别是人体失重监测、身体撞击检测、身体动作静止判断、人体倾角检测，通过这四个过程计算并确定老人摔倒后，蜂鸣器就开始发出报警声，提醒行人及时给予老年人帮助。因材料、技术、使用场景的不同，中老年智能服饰设计存在多种可能，例如有一款能够改善睡眠的中老年适用智能服饰，将监测器安置在高密度海绵中，监测器采用高柔韧性、易加工的压电薄膜电缆传感器，与服装和人体良好地贴合，可拆卸地穿插进服装的胸下位置，通过捕获到老年人睡眠时的体动信号、心率信号、呼吸信号，分析计算出与老年人睡眠时间的关系，从而获得老年人的睡眠质量报告。此外，它的频率响应范围略宽，在常温下的 0.1Hz 到几个 GHz 区间均可以捕获到信号，有效地增加了监测老年人睡眠质量的能力。江南大学的沈雷等将 NCF 纽扣植入普通毛衫，若老年人走失或摔倒，将手机靠近传感纽扣即可报警并及时将位置发送给紧急联系人。

### （二）少年儿童生命数据监测智能服饰品

智能儿童服饰可内置传感器和监测设备，监测儿童的体温、心率、呼吸等生理指标，并将数据传输到智能手机或其他设备上，让父母或看护人员实时掌握儿童的健康状况，及时处理问题。智能儿童服饰可以集成位置追踪技术，如 GPS 或蓝牙技术，让父母或看护人员随时掌握儿童的位置，防止走失或被拐。智能化儿童服装可通过集成语音识别技术和音频设备，实现与儿童的语音互动，为儿童提供更加丰富的娱乐和学习体验。智能儿童服饰需要注意安全性、可穿戴性、适应性等方面的问题，考虑洗涤与维护的便利性。在设计方面须注重穿着的舒适性、保暖性和透气性，以确保儿童的健康和舒适度。

美国科技公司猫头鹰（Owlet）推出了一款针对婴儿设计的智能袜子，能通过红光和红外线，在无侵扰的情况下测量宝宝的心率、含氧量和皮肤温度。这款袜子的敏感性低，未使用任何黏合剂，基于无线运作，所有的电子部件都藏在防水、绝缘的硅胶套里面，确保不会发生触电。通过蓝牙模块，它还能将记录到的信息传输到配套的APP上，也可以将其接入家庭Wi-Fi网络在任何联网设备上查看。美国埃克斯莫尔（Exmovere）公司研制出一种婴儿智能服装埃莫宝贝（Exmobaby），安装有生物传感器，通过生物传感技术能够监测婴儿的生命体征等重要数据，从而感知其情绪和健康状态，埃莫宝贝还自带蓝牙和3G无线通信功能，这样方便父母在任何时刻都能掌握婴儿情况。这种儿童智能服饰通过在儿童的衣服上配有体温计、心律监控器和动作传感器，这些设备记录的数据能够展现出儿童的情绪状态，并且隔一段时间自动更新一次数据，家长可以随时通过数据来了解孩子的体征，避免因孩子过小，突发睡眠呼吸中止症、窒息等病症。家长通过手动调节，让衣服记录下孩子的某种状态和生理请求，比如"饥饿""疲劳"等，这样系统就可以根据数据解决无法及时沟通的问题，家长也能知道孩子的状态。这套智能衣服还可水洗，目前已经在找志愿者测验。

美国纽约康奈尔大学（Cornell University）科学家们成功将电子元件导入棉纤维，这种纤维将具有导电功能，运用纳米技术将纳米粘附在棉纤维上，研制出一种新的服装面料，这种新面料被称为"智能棉花"，表面的色彩可以代替棉纤维需要染色的工序，还可以杀灭细菌。这种材料非常适合儿童服饰品，可以随心所欲地变换颜色，在服装的造型色彩上有所创新，它的导电功能可以解决电路智能服装需要清洗、易折弯且易伤害电子元件的弊端。

### （三）成人生命数据监测智能服饰品

智能服饰品监测成人生命数据的应用场景非常广泛，包括运动健身、医疗康复、职业安全、日常生活、特殊护理、应急救援、睡眠监测、体育运动等。2016年，加拿大阿斯特罗斯金（Astroskin）公司研发的Hexoskin系列智能紧身运动衣采用智能织物，由多种感受器集成，每分钟能收集42000个身体数据，可以测量心率变化、步数、卡路里消耗等，还能追踪心跳和呼吸活动，以及睡眠和环境。加拿大OMsignal新创公司正在研发一种名为"OMsignal Shirt"的智能衬衫，它可以通过监控心脏的跳动来把握穿着者的健康状况。深圳智裳科技有限公司联合欧洲内衣品牌莱特妮丝（Lightness）共同研发了一款女性智能旋磁内衣，可加速血液循环、疏通乳腺，达到预防乳腺疾病的效果。

智能化医用防护服可以将柔性传感器安置在防护服内贴近医护人员心脏、肝脏、肾脏等位置，对其日常工作时的心率、体温、血压、血糖等数据实施有效监测，在身体出现异常情况时，触发医用防护服警报系统，得到及时的帮助和治疗。智能化医用防护服还可通过传感器把每日收集的身体各部位信息数据传输到分析系统中，医护人员可通过分析系统给出的健康体征数据，及时得知自身健康状况，提前预防身心疾病。❶智能化医用防护服创新设计团队通过将无线传感设备（WSN）嵌入服装，在服装内构成体域网，将各简约节点部署在人体的不同部位，分别负责采集心率、血糖和血压等生理信号，中央协调器设置在服装中部，负责接收和转发采集的数据。为使智能服装更加轻便并适于穿戴，采用体积更小、性能更强的传感器、传输设备及监控设备，共同构成无线网络系统，进而达成高效、准确监测的目的。生理参数采集系统基于服装生理监测的功能而进行硬件与软件设计，将心率、血糖、血压等传感器监测和采集的生理参数嵌入服装中的多个微处理器进行特征提取、模式识别和模式分析，并对信息进行计算和处理，构成智能服装的数据分析系统。数据分析系统是智能服装功能系统的核心，包括电源、存储器和中央处理器。将数据分析的复杂计算任务放在服装中完成，进而有效避免上机位软件系统因信号弱导致的数据分析不准确、信号储存不及时等问题。将心率、血糖、血压等传感器监测和采集的生理参数嵌入服装中的多个微处理器中进行特征提取、模式识别和模式分析，并对信息进行计算和处理，构成服装的数据分析系统。数据分析系统是智能服装功能系统的核心，包括电源、存储器和中央处理器。将数据分析的复杂计算任务放在服装中完成，进而有效避免上机位软件系统因信号弱导致的数据分析不准确、信号储存不及时等问题。❷

## 三、辅助医疗与居家康养智能服饰品

### （一）辅助医疗

在远程医疗、数据记录与分析、医患沟通、紧急救援、手术辅助等场景中，智能服饰品可成为医生的好帮手。智能服饰品可实时监测心电图，提供连续的心脏活动监测，及时发现心律不齐等异常情况。利用导电纤维，智能服饰可以监测肌肉的电活动，这对于诊断和治疗神经系统疾病，如癫痫，具有重要意义。智能服饰还可以通过光学传感器等技术，监测血流速度，从而动态监测高血压等状况，为患者提供长期的健康管理解决方案。智能服饰品能够检测和记录用户的脉搏波动。例如，智能脉诊仪使用了高灵敏度压力传感器和仿人体皮肤触觉传感技术，通过高精度传感器捕捉人体脉动数据。捕捉到的数据需要通过算法进行处

❶ 尹伊，曹佳想，贾纪玉.智能化医用防护服创新设计研究［J］.山东纺织经济，2021（7）：37-41.
❷ 陈海荣，郝学峰，周晔彤，等.基于WSN生理监测的老年服装设计与研究［J］.纺织报告，2022，41（6）：13-15.

理，以模拟传统中医的脉诊方法。人工智能算法可以分析脉搏数据，给出中医脉诊结果和治疗建议。一些智能服饰品与互联网连接，用户不在医院也可通过智能服饰品实时监测脉象，并与医生进行远程沟通，实现远程诊疗和健康管理。智能服饰品在辅助医疗领域的应用正逐步展开，它们不仅能够提高患者的生活质量，还能够减轻医疗系统的压力，为医疗保健行业带来革命性的变化。随着技术的不断进步和市场的逐渐成熟，预计未来几年内，这类产品将在医疗保健领域得到更广泛的应用。瑞士恩帕（Empa）研究中心将光纤与纺织品集成，利用光纤传感监测人体皮肤的血液循环，防止褥疮的发生。日本聪明生活公司（Smartlife Solutions）将导电纱作为传感器与织物结合，可监测人体信号，形成心电图，以测量心率，或形成肌动电流图来监测肌肉活动，并将数据上传至云端或医生手机，辅助医生诊断。

### （二）辅助居家康养

智能服饰品集成加速度计和陀螺仪传感装置，可以实时监测用户的活动状态和体态变化，一旦检测到跌倒风险或发生跌倒，便立即通过连接的手机应用或其他设备发出警报，并通知紧急联系人或医疗机构。智能服饰品能够持续追踪穿戴者的健康状况，集成心电图（ECG）、血压、血氧饱和度等生理参数的监测功能，并通过数据分析预警可能的健康问题。智能服饰品可以监测睡眠模式、呼吸质量和心率变化，帮助用户评估和提高睡眠质量。对于行动不便或长期卧床的患者，智能腰带可以监测体位变化、压力分布，预防褥疮的发生，并提醒护理人员调整患者体位。慢性病患者，如糖尿病患者需定期监测血糖水平，智能服饰品可以通过无创或微创技术监测血糖，减少患者的不适感，提高监测的便利性。智能服饰品可以集成智能提醒功能，防止老年人错过药物服用时间或重复服药。通过跟踪用户的活动量和生活习惯，一些智能服饰品可以提供定制化的健康建议，比如鼓励用户多走动、改善饮食习惯等。在紧急情况下，用户可以通过智能服饰品快速发送求救信号，包括精确的地理位置信息，确保及时获得援助。对于需要康复训练的患者，智能服饰品可以监测运动范围、力量等参数，并提供反馈和指导，帮助患者更有效地进行康复锻炼。智能服饰品辅助居家康养具有广泛的应用前景，它们不仅能够提高居家护理的质量和效率，还能为用户提供更加个性化和舒适的健康管理体验。

## 四、智能服饰与元宇宙

### （一）当前还无法全面定义元宇宙

元宇宙这个概念最早来源于科幻小说，描述的是一个通过互联网连接起来的虚拟世界。在这个世界里，用户可以以数字化的形式存在，进行社交、游戏、工作等活动。随着技术的发展，尤其是在VR、AR、区块链等技术的推动下，元宇宙的概念逐渐从科幻走向现实。元宇宙是一个复杂的概念，它涵盖了技术、社会、文化等多个层面，由于其涉及的技术和应用领域非常广泛，目前还无法给出一个明确且全面的定义，随着相关技术的进步和社会的适应，对元宇宙的理解将会逐渐深入。

元宇宙是一个虚拟的数字空间，它是一个三维的乃至多维的、可交互的虚拟现实世界，包括虚拟的地球、星系和其他数字化的资源。元宇宙呈现一个更加开放和去中心化的世界，用户可以更加自由地创造、交流和互动。元宇宙的构成要素包括身份、社交、沉浸感、低延迟、多元化、随地、经济系统、文明。元宇宙包括社会与空间属性，科技赋能的超越延伸，人、机与人工智能共创，真实感与现实映射性。当前元宇宙的关键词包括身份、自由创造、虚拟形象、第二人生、社交、下一代社交媒体、虚拟世界交友、沉浸感、互联网具象化、随地、低门槛、高渗透率、多端入口、低延迟、云游戏世界、成本改善、多元化、UGC创造价值、与现实经济打通、文明、虚拟世界的社会等。

在元宇宙环境下，用户可以与全球的其他用户进行实时交互和沟通，例如，在虚拟聚会、演唱会和展览中交流，实现虚拟社交。元宇宙可以提供虚拟购物体验，用户能够通过数字模拟的方式购物，例如，选择衣物并在虚拟试衣间中试穿，实现虚拟购物体验。可以提供一个虚拟的创意和艺术环境，用户可以在虚拟世界中进行创意设计和艺术表现，实现虚拟创意和艺术实践。可以提供一个全新的虚拟旅游体验，用户可以在虚拟世界中参观名胜古迹、国家公园等旅游景点，实现虚拟旅游。可以提供一个虚拟的工作和生活环境，用户可以在虚拟世界中参加会议、协作工作等，实现虚拟工作和生活。可以提供一个虚拟的教育和培训环境，例如，在虚拟实验室中学习科学知识和技能，实现虚拟教育和培训。可以提供一个虚拟的健身和运动环境，用户可以在虚拟世界中参加健身课程、训练和比赛等，实现虚拟健身和运动。可以提供一个虚拟的游戏和娱乐环境，用户可以在虚拟世界中参加游戏和娱乐活动，实现虚拟游戏和娱乐。基于元宇宙语境实现智能工厂，管理者任何时间地点进入元宇宙工厂，几分钟操作就可以部署完一天甚至一周的订单。通过人工智能和元宇宙系统，能快速复制一个元宇宙平行世界的用户，拥有相同的性格特征、兴趣爱好、亲朋好友圈子、职业工作等。这样就算用户肉体死亡了，元宇宙平行世界用户也依然存在于元宇宙的平行世界里，失去的家人我们依然可以在里面进行朝夕相处，实现人类永生。

## （二）元宇宙视野下的虚拟服饰品

元宇宙试衣间利用3D建模技术和计算机视觉捕捉用户的体型数据，通过算法生成用户的数字虚拟人形象，在虚拟环境中试穿各种服装，从而预览穿着效果，这种体验不仅便捷快速，还能在一定程度上模拟实际穿着的效果（图2-22）。元宇宙中，智能服饰品支持虚拟互动，如智能鞋可以收集用户在虚拟现实中的运动数据，智能衣服可以改变虚拟人物的外观和属性，智能服饰和元宇宙进一步融合，可以创造出更加丰富的数字化体验。虚拟服饰是信息技术领域和服装领域交叉整合的产物，具体是指利用虚拟现实技术、图形学技术和仿真技术等手段对服装布料进行仿真模拟，其本质是数字化服饰。元宇宙视野下的虚拟服饰被应用于设计研发、裁剪制作、批量生产、营销售后等诸多环节，利用虚拟产品代替实物模型进行仿真、分析，从而提高产品在时间、质量、成本、服务和环境等多目标中的决策水平，达到全局优化和一次性开发成功的目的，利于实现品质化、个性化、多元化和绿色消费需求。虚拟服饰的价值在于既能对服饰品进行真实呈现，又能提供附加价值。线下设计的时装可以通过3D扫描等技术逼真地复刻到时尚元宇宙中。用户也可自定义自己喜欢的风格服装，在元宇宙平台上，进一步延伸扩展时装所具备的符号价值，使之成为非同质化代币（Non-Fungible Token，NFT）数字藏品。时装设计师、时装品牌可以在元宇宙平台上发布链接进行售卖，时装爱好者也能在线上展中一键完成跳转平台并购买。

图 2-22　元宇宙概念试衣间概念图示（AI 生成）

## （三）从虚拟服饰到真实的元宇宙体感智能服饰品

在虚拟世界中展示的元宇宙虚拟服饰，不但可以实现对现实世界的增强效果，也可以实现虚拟服饰的真实感。元宇宙带来了新的展示空间与市场拓展，元宇宙虚拟服饰融入服饰产品设计、生产制造、市场营销、售后服务等环节，给现实的服饰行业带来革命性的转变。元宇宙服装通过3D建模渲染，为消费者提供虚拟时装秀和游戏场景中的服装装备，促进了相关产业向NFT数字服装领域进行投资。元宇宙虚拟服饰的购买方式简单，可以无限量复制，不再受到客户身材、尺码的限制，可以实现实时定位和超时空追溯。元宇宙相关技术对物理世界的数据进行模拟，通过算法和算力对物理世界的特定运行过程进行模拟，以达到降本增效的目的。通过元宇宙虚拟服饰厂与现实工厂同步操作管理，实现信息交互、监控等，实现对车间中的工位、订单、设备的实时管控。

当前元宇宙体感衣的体验有两种技术流程，一是VR内容—动作命令—中转站—传输命令—体感衣—算法层—输出体感—反馈能量值—VR内容，二是体感衣—传感器信号传输—驱动VR内容—反馈信号—体感反馈—VR内容。在真实场景与元宇宙场景中交互存在的智能服饰可满足多种场景需求。随着VR/AR技术的不断发展，人们对更加真实的游戏体验需求也越来越高，元宇宙体感衣可以使玩家更加身临其境地感受游戏中的情境，提升游戏的乐趣和真实感。元宇宙体感衣可以跟踪用户的身体运动并提供实时反馈，帮助用户更好地完成健身锻炼和体育运动，同时还可以记录用户的运动数据以及个人健康数据，以便更好地进行分析和改进。元宇宙体感衣可以将艺术家的动作和触感转化为虚拟世界中的艺术作品，使艺术创作更加真实、直观。元宇宙体感衣还可以用于康复训练，通过精准的运动跟踪和反馈，帮助患者更好地进行康复锻炼，并对其康复过程进行监测和评估。

深圳智裳科技有限公司推出的微思迈（WESMART）第一代元宇宙训练体感服由以下几个技术模块组成。一是真实的沉浸式游戏体感交互；二是服装视觉感应交互，被击打的部位通过图形变化体现在衣服上；三是具有覆盖全身的32个触点，实现了多部位的触感反馈；四是搭载柔性传感器，实现健康信息、运动数据、动作捕捉；五是采用物联网（Internet of Things，IoT）组网技术，实现人机交互、机机交互；六是搭载柔性耐水洗导线和电极，实现柔性电子纺织材料创新；七是采用COOLMAX-AIR吸湿速干面料，保持最舒适的状态迎接每一次挑战（图2-23）。

图2-23 微思迈第一代元宇宙训练体感服

### （四）当前元宇宙服饰品市场状况简述

#### 1.国际市场

根据Statista数据，美国是全球最大的时尚消费市场之一，根据美国人口普查局对比数据，2022年美国服装及配件零售额约3800亿美元，2023年行业规模超4000亿美元。其成熟性体现在消费力与创新接纳度上，美国是元宇宙时尚的先行者，美国公司Meta（原Facebook）2021年推出虚拟形象商店Meta Avatars Store，与巴黎世家（Balenciaga）等奢侈品牌合作销售数字服饰。纽约数字时装周2022年落地Decentraland平台，吸引超10万参与者，显示用户对虚拟时尚的高接受度。专业数字时尚公司（如The Fabricant、DressX）和游戏公司的创新往往更为领先。最早的元宇宙服饰玩家是一些专注数字创新的公司，包括The

Fabricant、RTFKT Studios（后于2021年被Nike收购）和Digitalax等数字时尚先驱在早期就开始探索虚拟服饰。《堡垒之夜》(*Fortnite*)、《罗布乐思》(*Roblox*) 等游戏是元宇宙服饰的早期重要试验场，时尚品牌通过与这些游戏平台合作打开元宇宙市场。

欧洲时尚品牌如古驰（Gucci）、巴黎世家、博柏利（Burberry）是虚拟时尚和元宇宙营销的先行者，古驰于2021年在《罗布乐思》平台上推出了Gucci Garden体验平台，博柏利在2021年与Mythical Games公司合作推出NFT，时尚品牌路易威登（Louis Vuitton）2019年与《英雄联盟》(*League of Legends*) 游戏合作，为游戏角色设计虚拟服饰，巴黎世家2021年成立了专门的元宇宙部门，其AW21系列就是通过联合游戏《后世：明日世界》(*Afterworld: The Age of Tomorrow*) 发布，被Vogue Runway平台形容为"时尚界的量子飞跃"。

运动品牌包括耐克（Nike）、阿迪达斯（Adidas）在数字服饰领域的投入和创新都体现出浓厚的兴趣，耐克、拉夫劳伦等品牌率先推出智能服饰，Nike Adapt自动系鞋带运动鞋售价超300美元，拉夫劳伦推出的加热外套售价约995美元，均成高端市场爆款。耐克通过收购RTFKT公司，阿迪达斯通过"Into the Metaverse"NFT项目深度参与元宇宙服饰。

在专项技术积累方面，时尚领域的3D元宇宙从设计出发，覆盖服装、鞋子、配件等主流品类。相关的廓型库、款式库、鞋楦与鞋大底库、面辅料库、图案库、颜色库是服饰行业在3D数字化过程中建立的基础资产。主要的3D智能服饰设计公司如CLO Virtual Fashion Inc.、布络维科技（Browzwear）、Optitex等提供的3D设计软件都在持续建设相关数字资产库。

### 2.国内市场

中国纺织及服饰供应链已是全球化最大的获益者之一，根据Statista 2023年服装行业报告提供的数据，2023年中国服装市场商品交易总额（GMV）约3300亿美元（约2.4万亿元人民币），占全球份额24%。综合多家机构的数据，2023年中国服饰品内销市场全渠道商品交易总额约3万—4万亿元人民币。

中国从2021下半年起跟进元宇宙热潮，基于产业互联和消费互联的交叉，服饰品行业的元宇宙有较强的工业属性，有消费元宇宙、企业元宇宙和工业元宇宙之分。元宇宙概念有广义和狭义之分，广义元宇宙包括下一代数字世界的所有，狭义元宇宙聚焦社交联系的3D版虚拟世界。由于广义的元宇宙过于宽泛，类似概念如"互联网+""云计算+""区块链+""AI+""元宇宙+"似乎可以囊括太多东西，如元宇宙娱乐、元宇宙营销、元宇宙城市……这里不做太多宽泛的讨论。从狭义元宇宙的概念出发，纺织服饰方面主要的承载方式是数字制造、数字人、数字货、数字场，其中，服饰品牌较多投入的领域是数字服饰。

从服饰产业上游往下游看，头部的面辅料企业较早开始面料数字化建设，是数字面料的重要参与者，其研发的面料数据库内容包括面料的物理属性数据，面料的管理及应用信息数据，面料纹理、风格的扫描、优化和云端管理数据。具备这种能力的面料企业在国内已有数百家。辅料方面，如拉链等常规辅料在研发环节就涉及数字化设计开模，其模型可成为3D的数字化资源，可以较好地结合元宇宙，完成与下游应用场景的结合。

成衣制造和贸易是最早具备3D元宇宙发展潜力并形成规模化应用的领域，目前国内近千家成衣企业用户，被国外的巨头品牌或零售商推动对接上游原始设计制造商（ODM）的一体化3D元宇宙。当前应用场景主要有四个：一是针对上游的面料商做面料管理；二是做成衣的可视化管理，从而可以与下游品牌商进行定向的海选推款或推料；三是与具备3D能力的品牌商进行精准开发；四是线上线下整合（Online To Offline，O2O），以此达到展销获客的能力。国内的数字时装应用发展不均衡，头部企业进展较快，中小企业仍面临技术、人才等多方面挑战。从全局角度改革进步需要多方面因素共同促进，包括：一是搭建技术共享平台，政府或行业协会牵头建立AI设计、3D建模等开源工具库，降低中小企业技术门槛（如杭州"元宇宙产业协同中心"提供云端渲染服务）；二是强化产学研合作，定向培养"AI+设计"复合人才，设立专项补贴，鼓励高校与中小企业联合研发（可参考上海"数字时尚产教融合基地"模式）；三是构建产业生态联盟，头部企业开放技术接口，联合中小企业开发细分场景应用（如虚拟时装周、品牌联名NFT），并通过倾斜政策降低市场准入成本。

2020年以来，品牌端数字时装及元宇宙快速发展，衍生了更多的商业化应用场景。相比欧美品牌，国内品牌在元宇宙应用上有其独特的优势，一是电商行业起步早，发展较为成熟；二是供应链近；三是3D建模人才储备较为充足，用户成本低。

目前，国内服饰企业在元宇宙领域的发展处于概念验证与初步应用阶段。2020—2022年部分头部企业试水虚拟服饰，李宁、太平鸟推出NFT数字藏品，包括李宁"悟道"系列NFT。安踏推出安踏数字人希加加（图2-24），并开发虚拟运动鞋"Meta Sneaker"。波司登入驻百度希壤元宇宙平台，开设虚拟旗舰店，鄂尔多斯联合阿里元境打造虚拟时装秀。服饰企业借助第三方平台（如腾讯云、阿里云）建模与交互，持续迭代自有技术。2023至今尤其是国产

图2-24 安踏数字人希加加

人工智能大模型的普及，服饰企业开始深度尝试元宇宙语境下的商业化落地与数字营销，森马、海澜之家通过虚拟代言人（如AI数字人）提升年轻用户互动。部分企业尝试基于元宇宙语境的用户共创，江南布衣推出"虚拟试衣＋UGC设计"平台，用户可DIY数字服饰并兑换实体权益。

在人工智能元宇宙快速发展的趋势下，服饰企业面临多方挑战，数字资产确权、跨平台流通等规则尚未统一。技术瓶颈限制明显，中小企业在3D建模、AI驱动渲染等领域人才短缺，开发成本高昂。上海、杭州等地出台元宇宙产业扶持政策，加速生态构建。头部企业向"虚实融合"延伸，中小品牌聚焦细分场景（如汉服、潮玩元宇宙）。国内服饰企业已迈过纯概念阶段，进入"技术验证＋场景试错"期，但距离成熟生态仍需3—5年技术迭代与产业链协同。

# 第六节　智能服饰品标准化建设

智能服饰品标准化建设与性能评价是全国范围内工商业产品标准化背景下展开的必须性工作，由智能服饰品标准化组织完成，是服饰品行业智能化发展的重要组成部分，它涉及技术标准的研制、基础标准体系的建立以及国内外标准化工作的推进。技术研发及应用水平的提升包括智能化示范车间或工厂的建设，以及交叉学科、跨领域创新合作的加强。这些措施有助于推动智能穿戴产品、三维仿真技术、柔性化生产工厂和数字化供应链等关键共性技术的发展。基础标准体系的建立可解决智能服装领域的标准化问题，需要对基础共性标准和关键技术标准进行细分，并制定智能服装的术语、定义和分类。一套完善的标准体系，可以促进技术创新和应用，能为行业的健康可持续发展提供强有力的支撑。随着技术的不断进步和市场需求的变化，智能服饰品的标准化建设也将不断发展和完善。

## 一、智能服饰品标准化组织

当前我国智能服饰品标准化组织，主要由纺织材料和皮革材料领域相关机构承担。智能服饰品与纺织品标准化组织包括但不限于以下机构：国家市场监督管理总局、国家标准化管理委员会、全国纺织品标准化技术委员会智能纺织品工作组等，以及国际标准化组织纺织品技术委员会（ISO/TC 38）、国际电工委员会（IEC）可穿戴电子设备和技术委员会四个工作组以及一个战略咨询小组（AG1），欧洲标准化委员会纺织品技术委员会智能纺织品工作组

（CEN/TC 248/WG 31），美国材料与试验协会（ASTM）纺织品技术委员会智能纺织品分委员会（D 13.50）的三个任务组分别负责术语、市场研究以及数据安全。

## 二、国家标准制定与产生

标准制定包括市场调研，征集样品，性能指标确立，样品测试与评价，标准征求意见稿，公示，试行，颁布、执行。标准征求意见包括行业内征求意见，意见汇总修改，组织会审答辩，标准修改形成报批稿。标准报批发布包括标准审查，标准报批稿公示，标准发布实施。例如，2024年3月15日，国家市场监督管理总局、国家标准化管理委员会发布2024年第1号公告，批准406项国家标准，其中包含多项最新的纺织行业归口智能服饰品相关标准。

智能服饰品标准化建设是一个复杂而庞大的工程，涉及多个领域和技术。包括且不限于：制定具体的功能性指标，如防水、防风、透气性、柔顺度；制定标准以限制有害物质的使用，如重金属、有毒染料；针对集成的智能技术如传感器等，制定明确的安全和性能标准；利用数字化技术，建立产品信息管理系统，实现产品的可追溯性，确保智能服饰的数据加密和传输安全；制定智能服饰与外部设备连接的接口标准，促进产业协同发展。

随着科技的发展和消费者需求的多样化，智能服饰品市场呈现出快速增长的态势。目前市场上的智能服饰品存在质量参差不齐、功能不完善、用户体验不佳等问题，这些问题都制约了智能服饰品市场的健康发展，智能服饰品标准化建设任重道远。智能服饰品涉及多种技术，如传感器、芯片、通信、电池等，需要制定统一的技术标准和规范，以确保产品的质量和性能，对智能服饰品的设计、生产、检测等环节进行规范，提高整个行业的水平。表2-1是功能性、智能性、数字化视野下部分服饰品国标行标。

表2-1　功能性、智能性、数字化视野下部分服饰品国标行标

| 标准编号 | 标准名称 | 标准类型 | 发布日期 | 实施日期 |
|---|---|---|---|---|
| GB/T 41419—2022 | 数字化试衣　虚拟人体用术语和定义 | 国标 | 2022/04/15 | 2022/11/01 |
| GB/T 41421—2022 | 数字化试衣　虚拟服装用术语和定义 | 国标 | 2022/04/15 | 2022/11/01 |
| GB/T 41425—2022 | 婴幼儿学步带整体承载冲击性能试验方法 | 国标 | 2022/04/15 | 2022/11/01 |
| GB/T 40228—2021 | 服装配件和组件中部分化学物质控制指南 | 国标 | 2021/05/21 | 2021/12/01 |
| GB/T 39605—2020 | 服装湿阻测试方法出汗暖体假人法 | 国标 | 2020/12/14 | 2021/07/01 |
| GB/T 38426—2019 | 睡袋的热阻和使用温度的测定方法 | 国标 | 2019/12/31 | 2020/07/01 |
| GB/T 22704—2019 | 提高机械安全性的儿童服装设计和生产实施规范 | 国标 | 2019/10/18 | 2020/05/01 |

| 标准编号 | 标准名称 | 标准类型 | 发布日期 | 实施日期 |
|---|---|---|---|---|
| GB/T 23330—2019 | 服装 防雨性能要求 | 国标 | 2019/10/18 | 2020/05/01 |
| GB/T 38147—2019 | 服装用数字化人体图形要求 | 国标 | 2019/10/18 | 2020/05/01 |
| GB/T 24278—2019 | 摩托车手防护服装 | 国标 | 2019/10/18 | 2020/05/01 |
| GB/T 23317—2019 | 涂层服装抗湿技术要求 | 国标 | 2019/06/04 | 2020/01/01 |
| GB/T 21980—2017 | 专业运动服装和防护用品通用技术规范 | 国标 | 2017/12/29 | 2018/07/01 |
| GB/T 33615—2017 | 服装 电磁屏蔽效能测试方法 | 国标 | 2017/05/12 | 2017/12/01 |
| GB/T 31901—2015 | 服装穿着试验及评价方法 | 国标 | 2015/09/11 | 2016/04/01 |
| GB/T 31907—2015 | 服装测量方法 | 国标 | 2015/9/11 | 2016/04/01 |
| GB 31701—2015 | 婴幼儿及儿童纺织产品安全技术规范 | 国标 | 2015/05/26 | 2016/06/01 |
| GB/T 21295—2014 | 服装理化性能的技术要求 | 国标 | 2014/09/03 | 2015/08/01 |
| GB/T 21294—2014 | 服装理化性能的检验方法 | 国标 | 2014/09/03 | 2015/08/01 |
| GB/T 30548—2014 | 服装用人体数据验证方法 用三维测量仪获取的数据 | 国标 | 2014/05/06 | 2015/03/01 |
| GB/T 29863—2013 | 服装制图 | 国标 | 2013/11/12 | 2014/05/01 |
| GB/T 43830—2024 | 智能服装 术语和定义 | 国标 | 2024/03/15 | 2024/10/01 |
| GB/T 21294—2024 | 服装理化性能的检验方法 | 国标 | 2024/03/15 | 2024/10/01 |
| GB/T 43717—2024 | 数字化试衣 虚拟服装属性 | 国标 | 2024/03/15 | 2024/10/01 |
| GB/T 22925—2009 | 纳米技术处理服装 | 国标 | 2009/04/21 | 2009/12/01 |
| GB/T 23316—2009 | 工作服 防静电性能的要求及试验方法 | 国标 | 2009/03/19 | 2010/01/01 |
| GB/T 22042—2008 | 服装 防静电性能 表面电阻率试验方法 | 国标 | 2008/06/18 | 2009/05/01 |
| GB/T 22043—2008 | 服装 防静电性能 通过材料的电阻（垂直电阻）试验方法 | 国标 | 2008/06/18 | 2009/05/01 |
| FZ/T 80015—2022 | 服装CAD技术规范 | 行标 | 2022/04/08 | 2022/10/01 |
| FZ/T 81023—2019 | 防水透湿服装 | 行标 | 2019/05/02 | 2019/11/01 |
| FZ/T 74007—2019 | 户外防晒皮肤衣 | 行标 | 2019/05/02 | 2019/11/01 |
| FZ/T 80012—2012 | 洁净室服装 点对点电阻检测方法 | 行标 | 2012/12/28 | 2013/06/01 |
| FZ/T 80013—2012 | 洁净室服装 易脱落大微粒检测方法 | 行标 | 2012/12/28 | 2013/06/01 |
| FZ/T 80011.1—2009 | 服装CAD电子数据交换格式 第1部分：版样数据 | 行标 | 2010/01/20 | 2010/06/01 |
| FZ/T 80011.2—2009 | 服装CAD电子数据交换格式 第2部分：排料数据 | 行标 | 2010/01/20 | 2010/06/01 |

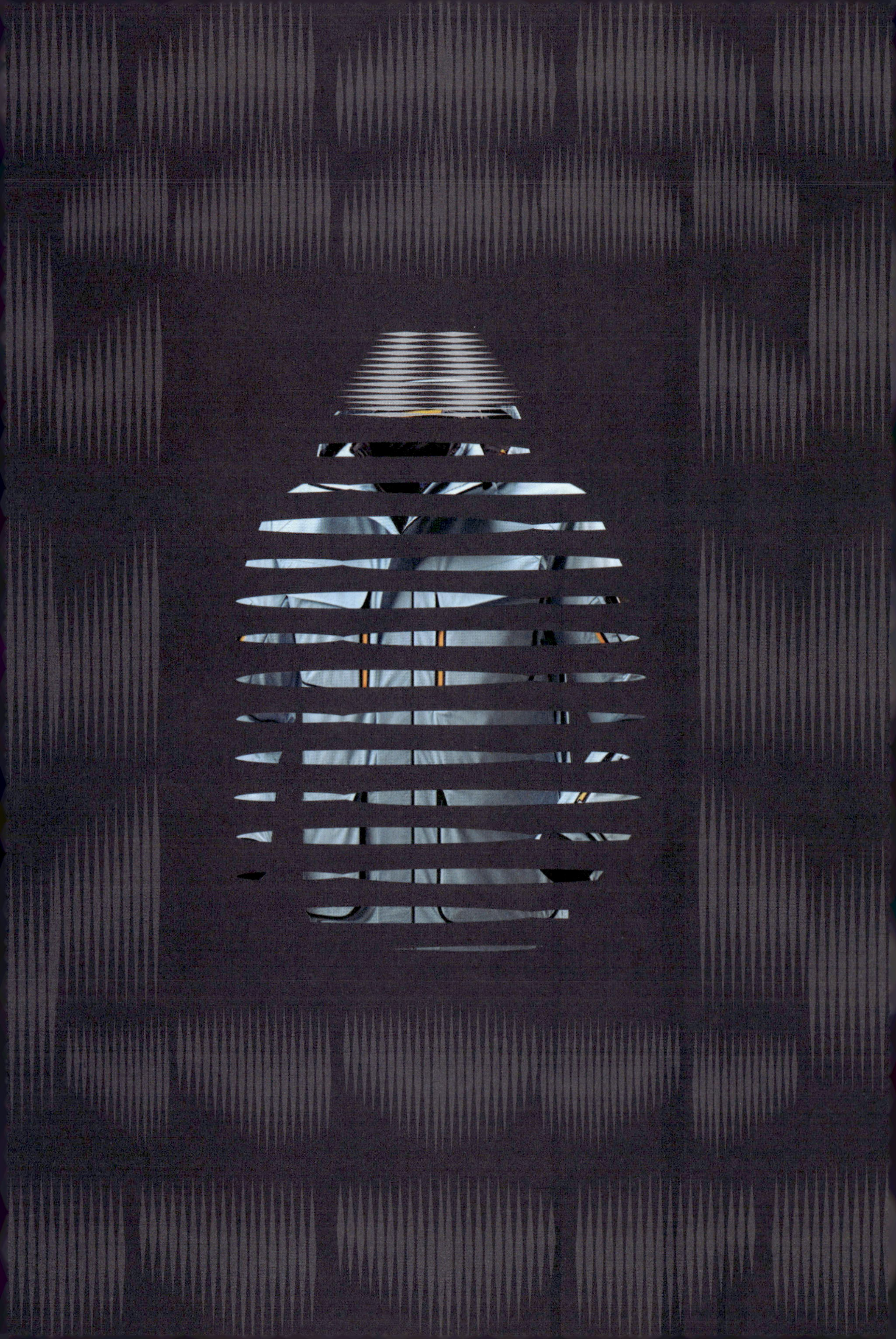

# 第 三 章

# 服饰品智能性
# 设计与表现

# 第一节　创新思维驱动智能服饰品创新设计

智能服饰品具有智能性、舒适性、个性化、互动性、时尚性、环保性特点，设计工作主要考虑三个模块的解决方案，分别是时尚创意性设计、基础功能性设计和进阶智能性设计，实现环节涉及多个领域，需多部门协作，如智能性可能包含基于互联网思维与大数据语境，搭载应用智能材料技术等。本节从品牌运营的全局性角度入手，分析各个环节与设计师的关系，阐述设计工作需具备的多元化宽视界模式。

## 一、跨学科协同工作

随着科技的发展和全球化的推进，各学科之间的界限越来越模糊，这种趋势在服饰品设计领域表现得尤为明显。传统的服饰品设计研究主要关注产品的外观、材料和制作工艺，而当前越来越多地融入了跨学科的元素，智能纺织品和可穿戴技术的发展使得服饰品设计不再局限于传统的面料和剪裁，还要考虑到电子元件、传感器集成、数据处理等技术问题。学科和系统的边界日益模糊化，服装设计研究逐渐从单一的仅关心产品转变为跨学科的综合性思考，设计创新变成一个基于复杂性问题的研究和解题过程，这个过程需要更加立体、全面的设计思维，以推动建立问题个体之间的联系并且进行资源整合。因此，服装创意设计思维也从一种专业技能演变为跨学科语境下整合性创新的方法论。❶

消费者喜欢时尚与科技完美融合的产品，智能服饰的亮点即在于智能材料、器件及科技的承载且具备某类智能性。一方面由设计师呈现更理想的美观性与舒适性，另一方面由工程师呈现科技性与智能性。设计师结合市场需求和消费者反馈，从艺术与科技结合的宏观角度看待设计工作，以扩展性思维表现时尚与智能的融合，携带更多前瞻性的思考与探索。智能服饰品研发需基于学科交叉协作，包括理工和人文艺术，理工科包括物理、机械、电子、纺织工程、材料学科的研究人员，负责核心的原材料及技术攻关；人文艺术学科包括美、艺术设计、服饰设计、工业设计、产品设计、交互设计学科的研究人员，负责应用的突破与价值的表现（图3-1）。

❶ 张颖，洪岩，刘晓刚，等. 基于"茎块"理论的服装创意设计思维方法［J］. 毛纺科技，2022，50（6）：52-58.

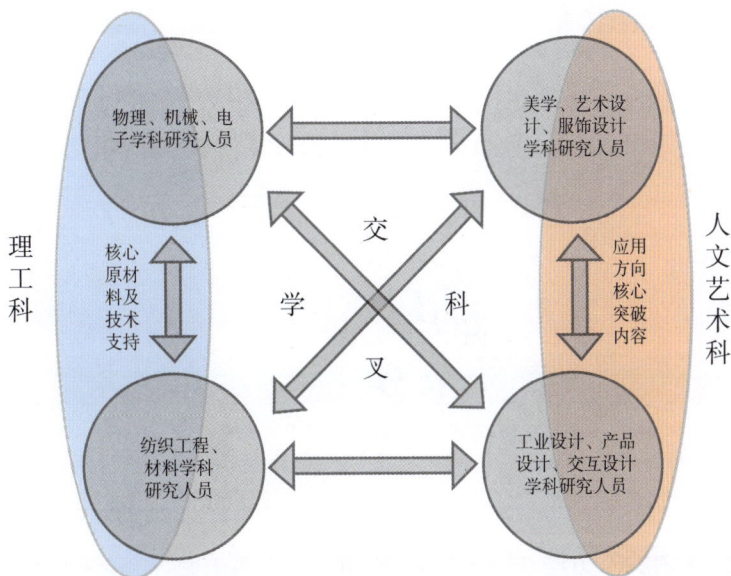

图 3-1　智能服饰品研发学科交叉协作模式

## 二、设计师的专业边界不断扩展

全球化趋势下不同文化的交流与融合为服饰品设计带来了源源不断的创作灵感，设计师的目光扩展到艺术、社会科学、设计、科技、工程、物流、营销等多个领域，将各种文化特色结合个人的独特理解与演绎融入设计方案，满足消费者多样的审美与功能需求。

智能服饰品设计研发流程不断扩展，设计研发前期要完成智能化相关技术实验与论证和外观结构论证。智能性实现包括材料、器件的使用，例如柔性电子材料、导电纤维等智能材料融合，智能器件搭载包括传感器、芯片的应用，要考虑产品的安全性问题如电磁辐射、数据泄露等。

## 三、时尚性与智能性兼顾

时尚性与智能性兼顾是智能服饰品发展的趋势，当前市场上常见的智能服饰品大多处于硬器件的模态，柔性无感、面料化、舒适化的时尚智能服饰品还不多见。设计师从多维度创意元素中汲取灵感，设计兼具艺术性和科技感的服饰品，通过色彩、材质、廓型、结构等要素的组合演绎时尚与风格，智能服饰品亦是站在时尚最前端的弄潮儿。每一款智能服饰品在设计的过程中都须考虑三大模块：一是基础功能性模块，二是时尚创意性模块，三是进阶智能性模块，根据项目不同有所偏重。路径一是三个模块平均对待，都是同等重要，同时兼顾；路径二考虑技术材料因素的影响而强调进阶智能性的实现，损伤或者忽略基础功能性和时尚创意性模块（图3-2）。

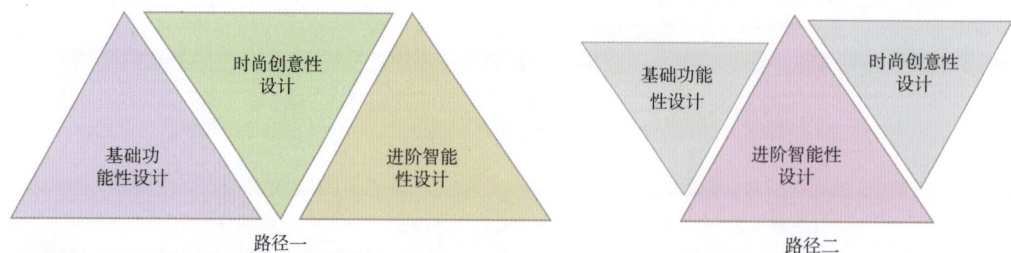

图 3-2 智能服饰品设计要素与路径

## 四、商业思维驱动智能服饰品创新设计

高水平创新性设计研发为企业创造有竞争力的产品和服务，支持企业获得商业效益，充满活力的商业模式驱动企业持续盈利，持续投入创新研发，实现良性发展。设计师要构建与品牌清晰一致的商业思维。从商业营销的角度看智能服饰品产业化，从品牌营销商业思维的角度理解智能服饰品创新设计，才能理解整个生产与营销链条。链条的起点是品牌运营者，打造资源整合平台，包括核心技术研发与营销系统建设，这需要一系列的机构和企业支持，而非一个厂家完成。服饰材料厂、服饰品厂、智能材料厂、智能器件厂等厂家通过资源整合平台完成原创智能服饰产品，再对接品牌的营销系统（图3-3）。

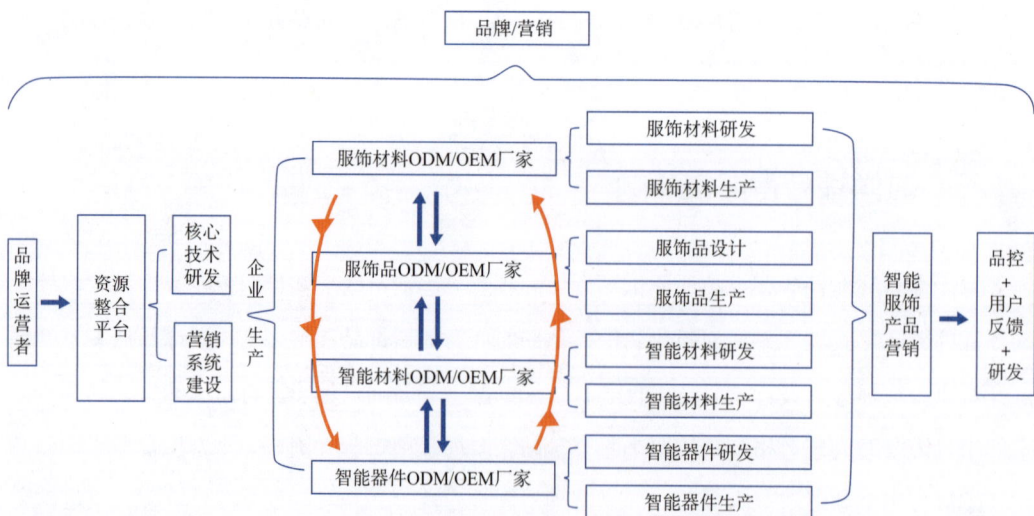

图 3-3 从商业营销的角度看智能服饰品产业化

智能服饰品设计创意与表现

### （一）市场竞争与时尚趋势驱动创新设计

市场竞争包括品牌竞争、产品风格竞争、技术创新竞争、产品性价比竞争、产品品质竞争、制造链竞争、物流链竞争、营销竞争、服务竞争等。在一个竞争激烈的市场环境中，企业需要提高反应速度和决策效率，不断改进管理模式，引入新的管理理念和方法，必须不断创新以回应市场关切，提高产品质量，降低生产成本，提高服务效率。

时尚趋势体现时代精神面貌，智能服饰品亦凸显时代的潮流与脉搏，时尚趋势呈现多元化的特点，如追求个性化、反内卷、可持续性和环保意识、数字化和科技融合、情感寄托和怀旧情绪、人与自然和谐相处等。服饰品要素体现为色彩流行趋势、面料流行趋势、廓型流行趋势、图案流行趋势等。

市场竞争和时尚趋势是推动智能服饰品创新设计的两个关键因素，设计师对市场竞争与时尚趋势两大要素具备较为深入的把握和理解，才有可能呈现具有竞争力的设计作品与创新产品。

### （二）消费者需求与品牌市场细分驱动创新设计

消费者对服饰品的需求不仅包括基本的性能，同时要求个性化、智能化。例如，某位男性消费者一天内可能呈现多种人生角色，如父亲、儿子、丈夫、上司、朋友、学员、康复者，呈现多种不同的生活场景，如陪伴家人、上班工作、商务活动、休闲购物，用餐品茗、健身运动、睡眠监测等。消费者需求的多元化与细分化，促使服饰品行业的竞争从单一的规模维度向多维跨界式竞争转变，个性化的、不同性能功能的服饰品支持不同的生活场景，品牌需更加关注消费者的特定需求，提供更加多样化和个性化的产品。

智能服饰品牌通过定向研发实现品牌差异化，如运动休闲方向、康养保健方向、元宇宙体感衣方向、特殊工程装备方向。通过细分市场、精准定位，吸引特定的客户群体，深耕自身的差异化特点，在竞争激烈的市场中获得优势。设计师需要对消费者需求分析与品牌市场细分具备较为深入的把握和理解，才能呈现具有竞争力的设计作品与创新产品。

### （三）商业竞争分析与市场策略驱动创新设计

商业竞争分析是一系列调研分析活动的总称，包括市场定位分析、竞争对手分析、优劣势分析、机会威胁分析，旨在帮助企业了解市场竞争态势，支持设计师精准定义自己的创新设计工作。调研分析竞争对手的产品或服务、市场定位、优势和劣势，包括市场竞争分析、生产力竞争分析、物流链竞争分析、营销系统竞争分析，还包括识别主要的竞争产品或服务特点、价格策略、市场份额、营销策略。商业竞争分析包括一手资料收集，如问卷调查、访谈、销售报表焦点小组讨论，还包括二手资料研究，如行业报告、统计数据、新闻文章。通过商业竞争分析，挖掘市场潜在机会，找准自身定位，制定有效的市场策略和业务计划，为企业调整、纠正经营策略提供参考，以应对激烈的市场竞争。

市场策略涉及一系列以消费者价值为核心的经营营销活动，旨在创造出受消费者欢迎的价值，并确保这些价值从产品设计到最终的用户评价都能得到体现，使企业实现盈利、品牌实现良性运行。

### （四）市场营销与品牌建设驱动创新设计

品牌通过市场营销活动收集消费者的反馈和需求，这些信息对于产品的持续创新至关重要，新一季度研发工作的起点即源自对过往销售业绩的分析总结。了解消费者对当前产品的评价和期望，具体的销售数据是最好的渠道，有助于指导后续的研发工作，使产品更好地满足市场需求。市场营销不仅能提升智能服饰品牌的知名度，还能够传播品牌的研发理念和创新成果，通过有效的品牌故事和营销策略，智能服饰品牌可以吸引更多关注，激发市场的好奇心和兴趣，从而为持续创新提供动力。通过市场营销活动建立和维护良好的客户关系，有助于品牌形成稳定的客户群体，这些忠实客户不仅是稳定的收入来源，亦是产品改进和创新的宝贵资源。优秀的设计师能够从营销的角度深入了解客户的需求、喜好和期望，擅长通过在设计作品中讲述故事，将产品与消费者的情感联系起来。

清晰的品牌建设策略为企业的创新研发提供方向，明确定义核心价值和愿景，能够更有针对性地进行品牌线路建设与产品创新，确保新产品与品牌定位保持一致。通过品牌建设，讲述品牌故事，演绎设计美学，呈现技术创新，品牌便能在消费者心中获得更高价值的认可，同时企业可反向输出教育市场，提高消费者的认知度和接受度，有助于创造需求，提升企业效益，推动品牌持续投入创新研发。一个有影响力的品牌更容易与其他企业或研究机构建立合作关系，为智能服饰品牌带来新的技术、资源和市场机会，进一步加强创新研发的持续性。品牌建设还包括对社会责任和可持续发展的承诺，可以通过研发环保材料、节能生产流程等，展示其对可持续发展的行动，这不仅有助于品牌形象的提升，也能够激发新的创新点。品牌建设是增强智能服饰品创新研发持续性的关键因素，一个有力的品牌不仅能够提升产品的市场认知度和吸引力，还能够为企业的创新研发提供方向、资源和合作机会，保持企业在市场中的竞争优势。

## 第二节　智能服饰品设计创意与表现的主要步骤

本节论述的内容分为三个模块，总结为七个步骤，前两个模块是创意与基础性能设计，包括品牌构思、创意构思、色彩设计、材料设计、款式设计、结构设计、工艺设计、板型设计、纸样制板等内容，三是智能化设计与实现，包括材质表现、器件的设计搭载与智能性表现。

## 一、构建跨界思维，建设联合团队

设计师要不断学习了解智能服饰品相关材料、技术、器件、市场等最新发展情况，这并不是要求设计师从某个理工科如材料学、计算机科学、信息与自动化、机械设计等学科角度解决如方程式、信息控制、模板搭建、柔性电子屏幕设计等具体问题，而是从设计创意先行者的角度较全面地把握当前时代智能化的趋势，从而挖掘、洞察新材料新技术在服饰品中实现某种智能的可能性。设计师站在时代与潮流前沿，直面时代给予的机遇和挑战，融合团队工程师带来的新型材料与技术。设计师凝练创意，绘制设计图纸，不断调整优化，形成清晰明确的创新性设计方案。设计师与科技专家合作，融合最新的科技发展，如可穿戴技术、物联网、人工智能，把握哪些技术是可行的，以及如何将这些技术应用到服饰品中。

联合团队应配置专门研究用户需求和市场趋势的工作小组，探索未来、发现未来，引导品牌设计的产品符合用户需求和市场趋势。联合团队包括工程师、材料科学家、软件开发者等不同领域的专家，大家从各自的专业角度为智能服饰品的创新设计贡献力量，设计师负责外观设计和趋势研究，工程师负责技术开发和功能实现，材料科学家负责开发合适的材料。联合团队须建立有效的沟通和协作机制，确保成员之间的信息交流流畅，定期举行团队会议，讨论项目进展、问题解决方案、下一步工作。创新性智能服饰品涉及商业机密与知识产权保护，还应配置法律顾问负责知识产权保护和合同审查等法律事务。

智能服饰品的创新设计集合不同领域的智慧和资源，共同推进智能服饰品的设计、研发和市场推广，最终实现创新产品的成功上市。联合团队的领头人非常关键，应具备跨学科的知识背景、较高的商业运作与管理能力、较高的人文艺术素养、充满想象力的创意思维、专业的设计学知识与素养，以及跨专业的科技与材料学方面的知识与素养。例如，某个以柔性传感技术为核心的智能服饰实验室工作框架包括：设计中心，负责服饰品的基础功能设计、基础材料应用和时尚性设计，同时兼顾智能材料、智能器件的融合；柔性传感材料与器件研究开发中心，负责智能科技攻关，尤其是柔性全纺织传感材料信息传导技术的攻关（图3-4）。

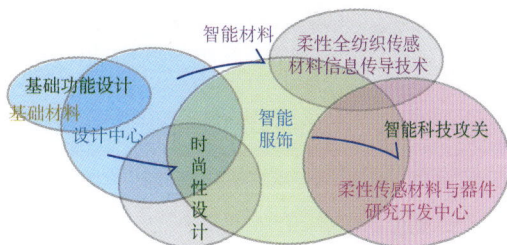

图3-4 基于柔性传感技术的智能服饰实验室工作框架

## 二、调研与分析

研发团队从多个角度展开调研，获得数据与信息，对数据信息进行分析鉴别，得出判断结论，依据结论制订行动计划参与市场竞争。

访谈调研、问卷调查了解需求、痛点和期望，收集关于产品外观、功能、性能等方面的评价反馈，了解用户的需求和痛点与市场情况，找准产品价值点。竞品调研了解竞品优缺点和市场表现。焦点小组讨论包括组织目标用户进行讨论，分享想法和意见，获得灵感和启示。通过行为数据、销售数据分析，了解用户的需求和偏好与市场趋势和变化，从商业价值的角度完成一系列调研与分析，研究目标市场，研究潜在客户、竞争对手、市场规模和趋势。评估产品与竞争对手的差异化优势，如价格、品质、功能、品牌，分析生产成本、销售成本、运营成本，分析产品利润率。

调研与分析为设计提供了基础和方向，没有调研分析就没有创新设计，通过调研分析识别用户群体特征、生活状态、需求和偏好，了解用户对智能服饰品的功能期望、使用偏好、使用场景。用户需求不是一成不变的，用户需求的挖掘是设计师的重要工作，通过持续的调研和分析，设计师可以制定更有针对性的设计策略，不断调整和优化产品。

### （一）用户需求调研与分析

设计研究方法，进行市场和文献研究，收集市场上类似产品的资料，分析竞品的用户评价，查看相关文献、研究报告。制定访谈问卷、观察用户日志等不同的方法路径，准备研究工具如访谈提纲、问卷、观察记录表等。募集用户，通过筛选标准选择合适的参与者，在真实环境中观察用户使用产品时的身体动作，记录用户的心理反应，包括表情、语言描述，进行一对一访谈或小组讨论，深入了解用户体验。开展数据分析，来源包括一手数据和二手数据，锚定某一具体的产品使用场景分析用户的身体动作与心理反应，识别用户在使用产品时遇到的困难和不满，分析痛点对用户的影响程度，分析困难背后的原因，评估解决这些痛点可能带来的商业价值。

### （二）市场及品牌调研与分析

主要包括调研分析竞争品牌、模仿品牌、参照品牌、学习品牌、主流品牌的产品线、生产线、物流链、营销模式、价格策略、市场占有率和用户评价；调研分析产品种类、特性、设计、创新程度、科技含量，分析产品线的宽度、产品种类的多寡和深度、每个种类中不同型号的数量，评估产品线如何匹配客户群体；调研分析竞争品牌的生产能力、技术水平、自动化程度以及生产过程中的质量控制措施；调研分析供应链管理、库存控制、配送网络和物流效率、管控供应链、市场变化适应力；调研分析竞争品牌的营销模式、宣传渠道、广告策略、促销活动和公关事件，分析他们的品牌形象、品牌定位以及顾客忠诚度构建方式，分析价格区间、折扣政策和价值主张，评估他们如何平衡成本、价值和利润率。收集销售数据、市场报告可以了解竞争品牌在目标市场的占有率，分析其增长趋势、市场集中度和潜在的市场饱和点。收集用户反馈，可以分析消费者的满意度、重复购买率和品牌忠诚度。研究竞争品牌的产品线、价格策略、市场占有率和用户评价，可以帮助识别自身的优势和劣势，以及潜在的机会和威胁。

### （三）生产企业和供应链调研与分析

调研智能服饰生产企业的生产线及其设备的技术更新程度、设备型号和制造年份、设备升级和维护的周期，重点关注新的生产设备和技术。了解设备是否符合当前的环保和可持续发展标准，是否支持当前流行的生产技术和材料。评估生产线的自动化程度如自动裁剪、缝制、包装。调研生产企业使用制造管理系统、监控生产过程的实际情况；应用人工智能技术优化生产计划；利用大数据分析优化生产流程和提高产品质量。调研生产线快速调整以适应不同产品或设计的变化，快速响应市场变化的小批量多样化生产能力。调研检测和质量控制系统品控，调研节能减排标准。

调研生产企业在新技术赋能下的数字化应用情况，包括智能机器人生产线、3D建模、增强现实。了解企业在智能供应链方面的发展战略，包括智能化等级、顾客服务响应等级、产品流动效率。广义供应链包括商品企划、研发设计、生产采购、仓储物流、渠道管理、终端销售管理多个环节，狭义供应链主要包括以生产、采购、仓储、物流为核心的供应链体系，应调研企业建设广义供应链和狭义供应链的实际水平。分析企业在供应链数字化转型方面的现状、痛点以及不同模式下的数字化环节和能力模型。这些调研分析有助于设计师了解和掌握生产企业状况。

### （四）智能性新材料新技术调研与分析

智能性新材料新技术调研与分析是一个多维度的过程，涉及材料科学、纺织技术、电子工程、生物医学等多个学科的交叉融合。设计师调研人工智能技术的发展，以及柔性传感材料与技术、智能交互技术、形状记忆材料、环境适应性材料、人工肌肉纤维，包括技术发展趋势分析、应用领域的拓展，以支撑设计的创新性与竞争价值。

## 三、用文字做设计：单品分析与三个模块

设计师脑海中的创意构思与设计图纸之间需用文字做一些前期铺垫。一款智能服饰品包含基础功能性、进阶智能性与时尚创意性，三者共融共存。设计师依据灵感和收集到的前期

分析形成设计概念，统筹后续的设计工作，考虑设计服饰品的基础性能（如保暖、遮体、亲肤感、透气性等）与时尚创意性（如风格、样式等），并选择合适的技术方案和材料开展智能性设计（如温度调节、健康监测等）。

时尚创意是设计师工作的核心价值之一，独特的感受成为创意创作的起点，设计师通过设计方案表达情绪价值、表现风格，从审美的角度凝练、演绎风格。在设计项目的起始阶段，将多方面想法用简短的文字记录表达，包括品类、主打元素、用户画像、特色造型等内容，归纳总结为服饰品的构成要素即材料、造型、结构、色彩，以文字阐述明确的解决方案，设计工作从文字开始（图3-5）。

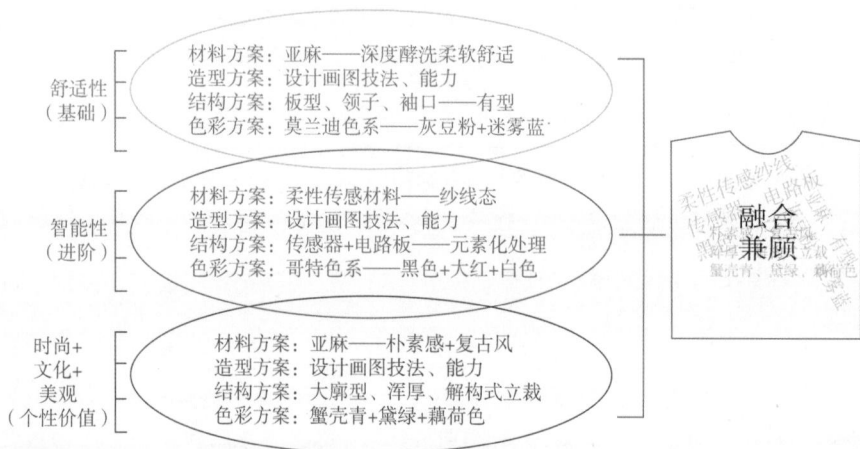

图 3-5　某款智能服饰品三个模块的文字设计要素规划图例

将设计概念凝练为详细的文本描述，列出所需的技术参数和性能指标，将成为设计图纸绘制的依据，还可预估成本、规划设计和生产的时间表、评估设计和生产过程中可能遇到的风险并制定相应的应对措施。这些文字描述工作是设计图纸绘制前的重要步骤，它们为设计师提供了明确的指导和依据，确保设计过程的系统性和高效性。

## （一）用文字做设计：深入研究单品

服饰品设计的基础单元是款式，对应明确的品类名称，每个成熟的单品品类是由市场、消费者、社会发展等诸多元素共同孕育滋养的，有诞生、兴盛、消亡的过程，一款单品的长盛不衰必定包含无可替代的价值，这个过程的纵向、横向连接，构成服饰发展史。设计师理解掌握某个单品的发展历程、最经典的样式与要素，结合市场需求、用户需求、个人思想、创新点及功能性实现、审美时尚性实现等要求，在深度研究的基础上开展创新设计。对单品的研究、认知、演绎是设计师的核心专业素养。

### （二）用文字做设计：时尚创意性模块策划与设计

对于智能服饰品而言，时尚创意性不仅体现在产品功能上，还体现在设计的独创性和审美价值，个性化产品能够满足消费者对独特性和个性表达的需求。

时尚创意风格反映时代、社会风貌，体现地域民族特征。时尚风格千变万化，包括经典、淑女、浪漫、民族、前卫、轻快、学院、休闲、中性、田园、朋克、街头、简约、运动、优雅、未来等，不同风格展现出不同的个性魅力，适合不同的消费者与使用场景。智能服饰品凸显设计师倡导的理念，设计工作前期用文字阐述结构和剪裁的创新性设计，赋予新品独特的形态和轮廓，阐述独特的图案、刺绣、印花元素以增强视觉吸引力，阐述色彩方案的效果以增强情感表达。设计前期设计师通过文字、表格、图形来表达设计理念和构思的整体方向，梳理和明确自己的设计思路，充分思考完善设计概念。

创意设计的起点源于某个或数个具体的元素，包括且不限于故事、事件、人物、图片、电影、音乐、文章、作品、传说、场景、风光、器物等任何可能性的内容，上述元素对设计师产生刺激，引起设计师的遐想，这种遐想往往带着很强的情绪与风格，如激昂、缠绵、悠闲、迷幻、刚强、浓郁、淡雅等，设计师选用文字述说表达，这种表达是夸张的、强化的、变幻的，具有引导性。

### （三）用文字做设计：基础功能性模块策划与设计

设计师用文字阐述新品的基础功能性要点，智能服饰品的基础功能包括且不限于御寒、遮羞、透气、装载、保护、柔性、可水洗。服饰品能抵御外界的物理伤害，减少擦伤或划伤的风险，良好的透气性可以调节体温、排出汗水和体味，合适的柔软度使穿着舒适，易清洗保养保证卫生并延长使用寿命。

设计师确定单品品类，确定单品使用时间、使用场合、使用者，对标具体的用户痛点，确定基本功能和具体数据，逐条明确。反复对设计元素进行系统分析，包括色彩、材料、造型、结构、工艺等必要元素，通过对元素的设计组合，形成全新的创意款式，这种全新的创意款式对应、蕴含、表达了设计师的理念与风格。如设计一款圆领短袖T恤，其基本功能包括遮挡与保护人体与皮肤，具备良好的透气性、较优的吸湿快干性、良好的柔软舒适度，确保与皮肤接触的舒适性。

时尚创意性与基础功能性都须通过服饰品的要素即服饰语言，组合交融而形成整体效果，服饰语言即构成服饰品的元素如廓型、板型、结构、样式、面辅料、制作工艺、印花绣花、面料再设计等。

### （四）用文字做设计：进阶智能性模块设计

智能性体现在当用户存在两种以上不同状态时，智能系统能够主动识别状态A或B，并主动选择不同的应对路径。在用文字做设计的进阶智能性设计阶段，设计师结合用户需求制订设计方案，包括材料、器件、技术可行性的解决方案，用文字阐述、论证智能性的实现方式，通过用户研究和测试了解用户的需求和反馈并根据这些信息进行优化改进，完善用户体验设计如操作体验、界面体验。用文字阐述、论证可穿戴性设计与调整方案，使服饰品符合人体工学原理，舒适易穿、易于打理且不影响基础功能。用文字阐述智能互联互通方案，包括与其他设备进行互联互通，如智能手机、电脑，设计师需要考虑如何实现不同设备之间的数据传输和交互，以及如何保证系统的稳定性和可靠性。

### （五）用文字做设计：主要面料的前期设计与开发

多数一线品牌新季度新产品的研发都包含前端面料专项设计，根据该季度本公司本品牌独特的设计企划案，进行针对性的原创面料设计，例如英国品牌雅格狮丹（Aquascutum）每一季度都会推出独一无二的色织格子系列面料，成为该品牌的传统。面料的独特性凸显服饰品新款式的无可替代性，对应消费者穿着使用体验的独特性。面料本身包含针梭织、色彩、纹样、布面风格、克重、幅宽、手感、悬垂度、保暖性、透气性、吸水性等专业要素，在横向比对中呈现品质、时尚性、创意性、功能性、使用体验等多维度的差异化。当前服饰品创新设计前伸化，即面料设计研发竞争越来越激烈。如果品牌使用从面料市场采购的、具备共享性质的公开销售面料，会有同质化的风险，一线品牌大概率会进行具有自主知识产权的独家面料设计。

## 四、设计创意构思—头脑风暴

头脑风暴及创意构思在团队协作的基础上展开，包括一系列的创意、思考、整合过程，明确设计的目标和需要解决的具体问题，鼓励开放性思考，鼓励团队成员自由地提出想法（无论这些想法多么非传统或奇特），基于多元创意进一步拓展和创造新的概念。筛选可行且有创新性的设计点进一步深化，一些设计师借助AI工具如Fabrie平台辅助整理思路和灵感，使沟通更有条理，提高协作效率。头脑风暴、创意构思不仅反映了设计师对时尚趋势的洞察，还体现了设计师对功能性、审美和文化内涵的理解与表达。

设计师需要具备创新思维，能够跳出常规，提出新颖的设计理念。设计师需要具备审美眼光，具有良好的色彩搭配能力，对形状、线条和质感有敏锐的感知。设计师需要使用绘图软件绘制精准的设计图，并在此基础上反复进行组合拆解。设计师需要与团队成员、供应商和客户有效沟通设计理念和要求的能力，在设计和生产过程中遇到问题时能够迅速找到解决方案。

不同的设计师呈现头脑风暴展板的状态与形式不同，一些有高超的手绘表达能力的设计师喜欢全手绘，配合从杂志上剪下来的图片，粘贴到设计室大展板上；一些设计师喜欢用平板电脑，随时记录随时拍摄随时截图；一些设计师喜欢以口头的形式布置任务，由设计助理协助收集、呈现、复述自己想要的内容，最后在设计室的大屏幕上全部呈现。

## 五、设计图纸的修改与优化

设计图纸主要指效果图与款式图，体现设计师的创意，是设计师思想与实物之间交流的媒介，是设计师的主要工作内容，包含基础功能性、时尚性、审美表达、文化内涵、智能性等内容，及样式风格模块、基础性能模块、智能性模块的解决方案。

### （一）设计图纸的规范性、逻辑性、逼真性

设计图纸应遵循行业标准和规范，所有尺寸比例和细节都符合技术要求。使用正确的绘图比例、尺寸标注、材料说明和色彩表示，呈现为效果逼真、艺术风格鲜明、元素细节表现完整度高、工艺合理可行，具备高标准的清晰度和准确性，确保信息传递无误。

设计图纸的逻辑性要求信息的组织结构和表达方式是合理和连贯的，以便于理解和执行。逻辑性强的设计图纸能够清楚地展示设计的各个部分之间的关系，以及这些部分如何组合在一起工作。高品质设计图纸会摒弃无效信息，强调必要信息，支持设计师识别潜在的设计问题，支持设计方案的可行性。设计图纸应尽可能真实地反映设计的最终效果，尽可能接近实物的真实感，而这需要高质量的视觉表现技巧来实现。

智能化表现方面，包括柔性传感材料、器件在服饰中的融合，柔性电子材料、器件在服饰中的融合，电池、系统集成板在服饰中的融合，或是某种主动发光效果、主动对话效果、主动变化效果等。智能效果在设计图纸上的表现是智能服饰设计的核心内容，一方面体现了设计师的设计、绘图、表达能力，另一方面体现了设计师的创意，这份创意既是超前的，又要在当前技术条件下可以创新突破。

当前设计图纸的绘图工具以计算机设备为主，手绘为辅。自2022年下半年开始，随着人工智能技术的飞速发展，人工智能介入服饰品设计绘图已成为大趋势，形成平面、三维、视频、AI多维综合的设计工作模态，设计图纸结合动画、视频、文字形式形成较为完整的设计方案。主要的基础服饰品软件以平面绘图软件为主，其中矢量图软件以Adobe Illustrator为主、点阵图软件以Adobe Photoshop为主，服装、箱包、鞋靴、首饰等具体领域大类不同，具体的三维建模设计软件也不同。在鞋靴、箱包、首饰等设计图纸绘制过程中，爆炸设计图把服饰品的主要构件分解成相对独立的单独模块，一个图层、一个模块地不断完善，再按照一点或多点透视的规律组合，能够更好地呈现智能材料、器件在服饰品中的搭载融合。

## （二）基础要素与基础功能性设计表现

服饰品不是艺术品，每一款服饰品都具备基础的功能性如亲肤性、柔性、保暖性、透气性、舒适性。基础要素包括色彩、面料、辅料、廓型、结构、工艺，面料是服饰品构成要素，不同的面料特性如质地、弹性、透气性等影响服装的舒适度和外观效果。设计师根据设计目的和功能需求选择合适的面料，在图纸中准确表现面料的质感和特性。款式设计包括服饰品轮廓结构以及零部件的设计，设计图纸详细展示了这些结构的数据如领子、袖子、口袋、省道、过肩、袖窿。色彩反映审美性、时尚性，设计师通过色彩搭配来表达设计理念，通过色彩对穿着者心理和情绪形成互动影响。设计基础部分包括材料配齐、纸样设计、开料裁剪、缝制制作、工艺实现。板房根据设计图纸包括工艺图，开发配置所需的合适的色彩、质地、面料及辅料等其他物料，确保它们与设计创意相吻合。制定工艺单，制作出纸样持续调整板型和尺寸，根据纸样进行裁剪，精确地将面料裁剪成服饰品的各个部分。落实缝制工艺，将裁剪好的布料按照工艺要求进行缝制，包括锁眼、钉扣等细节处理。整烫使服饰品更加平整美观，可反复试穿样衣，调整合体度和舒适度。

## （三）进阶智能性设计表现

智能服饰品设计图纸包括产品的外观、结构、功能等方面的信息，注重逼真性、细腻性、合理性、可行性、创意性多要素（图3-6）。设计图纸能够清晰准确地表达了进阶智能性设计的细节，如柔性传感材料与常规面料的融合方案与效果、智能器件在服饰品中的搭载与存在的状态、智能系统工作的状态与效果等。智能服饰品能响应外部刺激如温度、湿度、光照等，或内部刺激如电流、磁场等，根据不同条件执行不同的性能。设计图纸能够表现集成到服饰品中的传感器和电子设备，如传感器、心率监测器、加速度计、GPS等器件的搭载与工作效果。设计图纸能表现智能服饰品通过内置的传感器识别用户的活动场景，如运

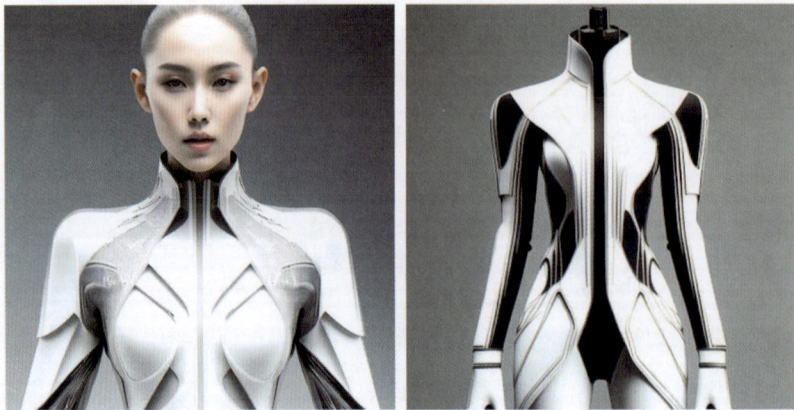

图3-6　智能服饰设计概念图示（AI生成）

动、工作、休息、阳光、雨水等，根据用户的实时场景展示最优解决路径并主动实施的系列效果。设计图纸表现智能服饰品在保持柔软、舒适的特性的同时，具有可弯曲、可折叠的特点，以适应人体的各种运动和姿势。服饰品的智能性通过设计图纸清晰准确地表现表达，使团队能够准确判断设计师的意图与创意构思，能够根据图纸不断优化方案，提高效率，降低成本，增强可行性。

## 六、智能服饰品样品实现与调试

智能性涉及智能材料与智能器件的融合与搭载，如集成传感器、电路、电池等硬件组件与服饰品的融合，根据设计图纸和功能需求，进行样品的制作和智能材料、器件的搭载、调试，实现所有功能的正常工作并符合安全标准。

### （一）时尚创意性的实现

服饰品是一种强烈的、可视的交流语言，能够展示穿着者的社会地位、经济地位、性别角色、政治倾向、民族归属、生活方式和审美情趣。通过面料的质地、色彩、花纹图案等因素，满足人们精神上对美的享受。服饰品可以体现所属的社会群体或职业，如警察制服、校服等，通过服装标志表现身份和社会属性。一些民俗服装具有浓厚的文化特色，通过服装样式和装饰，人们可以识别出穿着者的文化背景和民族身份。

时尚创意性包括创意主题表现、材质创新、色彩搭配、造型设计多个方面，通过合理控制素材的使用，注重素材在设计上的增减，讲求形式美感。通过多种素材的拆解和重新组合，凸显新的设计形象。模仿自然形态，提升主题气氛。运用夸张手法强化视觉效果，包括对面料、装饰细节进行夸张，表达设计主题定位。不同材质的运用和改造，与风格相结合。色彩方案凸显主题与情绪化。服装廓型凸显时尚创意性，紧跟时尚潮流和市场动向。

### （二）基础功能性的实现

基础功能性包括遮蔽身体、符合社会习俗和礼貌、保护身体免受外界因素的侵害、透气以维持体温平衡、防止过热或过冷。其中，防止外部环境对人体的伤害，如防划伤、防风、防水、防污染、防辐射、防紫外线、抗菌、防虫。服饰品尤其是服装具备特有的柔性和弹性，柔性好的服装能够更好地适应身体曲线，提供足够的活动空间。舒适性主要包括吸湿排汗、亲肤透气等功能，使穿着者感到干爽舒适，同时使用亲肤性的柔软适体的材料，避免对皮肤产生刺激。服饰品在使用过程中具备耐磨、抗撕裂能力，以及保持外观和功能特性的稳定性。易于清洗和保养，易洗、快干、不掉色、免烫等功能，方便日常保养和使用。

### （三）进阶智能性的实现与调试

智能性的实现包括且不限于传感器技术、智能纺织品材料、数据处理和反馈机制、能量管理和用户交互等。智能服饰搭载了柔性传感器、柔性电子器件、各类智能材料、柔性电路板与集成系统、各类柔性电池，能够实现数据处理和反馈机制。智能服饰品新样品的测试与调试是确保产品性能和用户体验的关键步骤，包括功能测试、用户体验测试、耐久性测试和安全性测试等多个方面。传感器准确性测试验证智能服饰中的传感器是否能准确捕捉数据，如心率监测器是否能准确记录心跳，加速度计是否能准确追踪运动。数据处理与反馈测试包括微处理器或软件对于数据的处理是否正确，用户界面是否能够准确地向用户反馈信息。用户体验测试邀请真实用户试穿智能服饰，收集关于穿着舒适度的反馈，测试服饰的材质、设计以及内置电子设备是否刺激皮肤或造成不适。检验智能服饰的用户界面是否直观易懂、功能是否易于操作，包括测试服饰与智能手机应用的连接稳定性和操作流程的合理性。机械耐用性测试包括对智能服饰进行多次洗涤、折叠和拉伸，模拟日常使用中的磨损，以检测其耐用性。进行长时间电池运行测试，确定电池的实际使用寿命。安全性测试包括电子元件和布线符合国际电气安全标准，不会对人体造成危害。数据安全与隐私测试包括智能服饰的数据加密和传输技术，确保用户个人健康数据的安全性，防止数据泄露或未授权访问。环境适应性测试包括温度适应性测试，即在高温和低温环境下测试智能服饰品的性能，确保在各种气候条件下都能稳定工作，还包括湿度和防水测试，户外或运动用的智能服饰在潮湿或多雨环境下服饰的电子组件不应受影响。通过问卷调查、访谈等方式，收集用户长期使用智能服饰后的反馈，以评估产品在实际生活中的适用性和可靠性。

## 七、智能服饰品新品发布

智能服饰品新品发布是向公众展示智能服饰品的重要环节，通常会配合多媒体展示和现场演示来增强观众体验。通常介绍如何将智能技术融入智能服饰品中，以及这些技术如何增强服饰品的美学和实用性，包括温度调节、健康监测和自适应环境的能力。

新品发布通过新闻稿、社交媒体、广告等方式进行产品宣传，以吸引潜在客户和合作伙伴的关注。通过新品发布，智能服饰品牌可以提升其在市场中的地位，一方面提升品牌知名度和影响力，另一方面获得更多订单。新品发布能够满足市场对高科技穿戴设备的需求，也是对时尚潮流的一种引领，它体现了"时尚＋智能"主导的时代趋势，有助于促进销售和市场拓展。通过新品发布，品牌可以与消费者直接互动，收集宝贵的用户反馈和数据，为产品的后续改进提供依据。新品发布有助于推动整个智能服饰品行业的发展，鼓励行业内的技术创新和市场竞争。发布会也是品牌传递其企业文化和价值观的机会，如强调可持续发展、关注健康等。通过发布会，品牌可以与合作伙伴、供应商和分销商建立或加深合作关系。

# 第三节　服饰品智能性设计与实现的主要路径

研发团队围绕一套规范系统的操作工序开展工作：通过调研获得数据，解读分析数据，形成结论，以结论为研发驱动总纲完成设计稿，调整优化技术匹配，开展核心技术攻关，对样品实物操作开展测试与评估论证并优化校正。设计师将智能材料与器件看作服饰辅料配件进行考虑，以设计图纸表达关于原创款式的所有问题与细节，包括现创意与个性价值。

## 一、实现路径简述

基于消费者的期望和需求确定智能服饰品的概念和基本功能，结合市场趋势和竞争品牌的现状确定设计理念和框架。硬件设计阶段包括设计硬件并制作实物，如传感器、芯片、电池等硬件的选择和设计，重点是材料与器件的搭载融合方式设计。制作第一版实物，进行测试和修改。设计并开发软件和控制系统，包括数据处理、通信和用户界面等方面。人机交互设计阶段包括优化用户体验和交互设计。

## 二、搭载

智能材料、器件与服饰品的常用材料不同，如传感的线路、芯片、集成板、柔性电打印电路、电子屏幕、柔性电子器件、柔性电路板配件等，这些材料器件实现智能性性能如温度感应、形状记忆、颜色变化等。组合成型的主要形式是搭载，围绕智能材料与器件，首选服饰品制造常用的工艺与手法尝试与服饰品搭载融合，包括缝合、黏合、挂扣、包裹、覆盖等物理形式，遇到极特殊情况时则考虑用焊接、氧化等非服饰制造手段。依据设计图纸要求逐步实现，确保所有组件都正确安装并与服饰品的其他部分协调一致。连接智能组件的电路，并进行初步的测试，确保所有功能正常工作。根据测试结果进行必要的细节完善和调整，涉及改变某些部件的位置、改进电路连接等时，进行多次性能测试、多次优化改进，以满足设计要求。当前很多案例显示，使用搭载手段更多的时候是无奈之举，因为智能性材料器件还没有全面实现柔性化、面料化，设计师只能强行地、勉力地把相关器件搭载到服饰品中，将服饰与功能组件有机结合，从而获得特定性能。

　　笔者团队设计研发的一款搭载柔性传感器的模拟中医脉诊手套，能够辅助中医师，或者用户自助操作，获得脉诊数据，为临床诊病提供辅助参考。手指指尖内侧是人体触觉神经最为敏感灵活的位置之一，食指、中指、无名指指尖内侧是中医脉诊时的关键接触点。该装置模仿中医切脉手法，实现桡关节处"寸、关、尺"3个关键接触点位置的脉搏波信号采集，获取就诊者的脉搏跳动信息。如图3-7所示，食指、中指、无名指指尖内侧搭载传感器（$A_1$、$A_2$、$A_3$，每个传感单元5mm×5mm）固定于面料表面。手指背部为双层面料设计，手背为双层面料贴袋设计，手套口长度到近桡骨位置。传感器工作时分两个端口：信息读取与输出，自然状态下不需电流，脉搏数据信息由导线传送至集成板，最后在上位机软件端实现可视化。

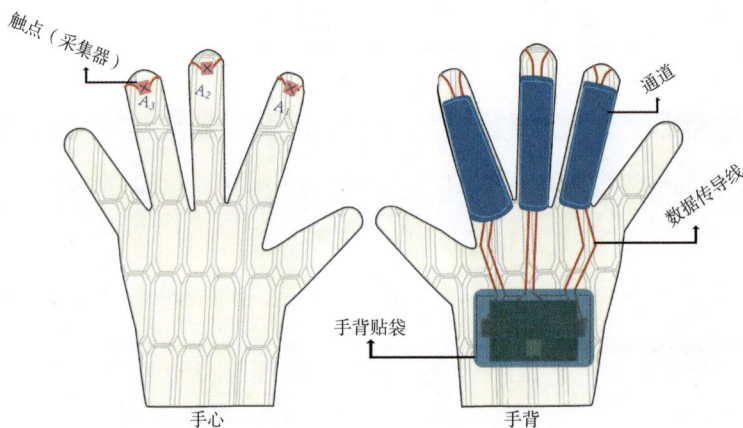

图 3-7　模拟中医脉诊手套整体结构设计

　　笔者团队设计的一款智能化探体温时尚女装，包括服装本体，设置有过线孔；测温线体，包括纱线管和位于纱线管内的柔性温度传感器，设置在服装本体的内侧；控制器，设置在服装本体的外侧，测温线体的一端穿过过线孔并与控制器连接，柔性温度传感器与控制器电连接。通过纱线管包覆柔性温度传感器形成测温线体并设置在服装本体的内侧，可实时检测人体温度信息。测温线体实现面料态、纱线态和辅料态，具有良好的柔软性，能够避免异物感。通过将位于服装本体内侧的测温线体穿过过线孔，并与位于服装本体外侧的控制器连接，实现了当用户穿着体温检测服装时，可直接操作控制器来控制柔性温度传感器，操作简便，提高了用户体验。位于服装本体内侧的整条测温线体都能探测人体温度信息，能够有效得到人体温度的整体分布情况，进而有效关注体温的变化情况，而且测温线体能够弯曲变形，容易与人体皮肤贴合，探温性能稳定，能够准确测量人体温度信息，保证体温检测效果（图3-8）。

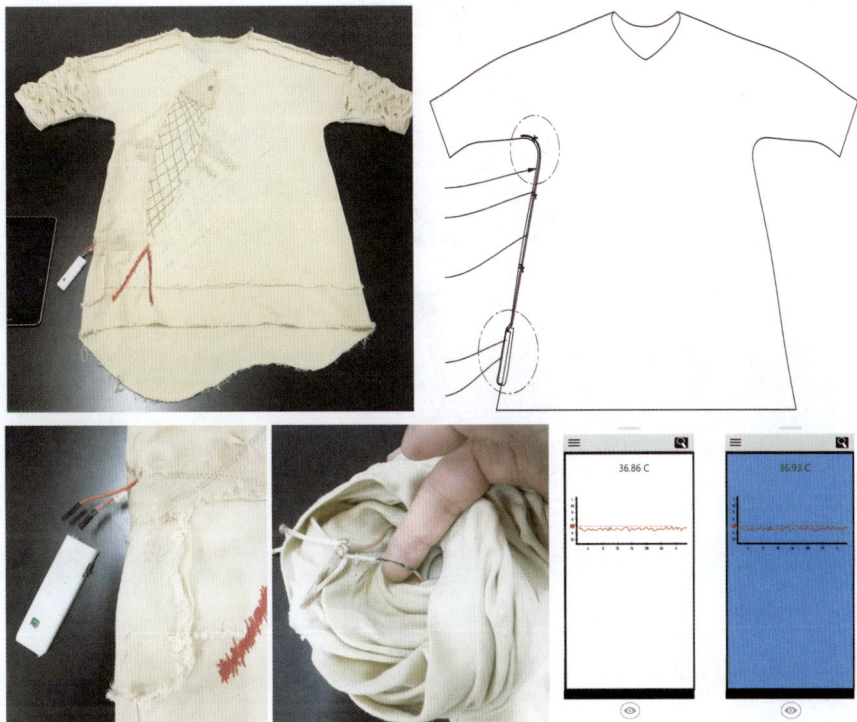

图 3-8 智能化探体温时尚女装设计

## 三、融合

　　某些纱线态、辅料态材质或器件具备某种智能性，因而设计师将这些材料作为服饰品的主要面料与材料，一方面实现真正的服饰化、柔性化，另一方面使服饰品具备数据读取、导电、变色、传导等智能性。关键点在于智能材料如传导线本身，具备较好的纱线态和较好的柔性面料基因，能够作为面料组成的基本要素进行进一步塑造。具体的呈现形式，例如在织布环节就使用纱线态柔性传感智能材料，织出来的面料即具备某种智能性能；又如在制作某款 PU 人造革的工序中加入某种涂层或者助剂，从而实现某种智能性。当前不断出现具备某种功能的纱线化、面料化材料，它们看上去像一块布或一块皮革，通过裁剪、缝合、粘贴、刺绣、熨烫等不同的形式与服饰品融合，形成无痕、无感的效果，最大幅度保证了服饰品的服饰性，如舒适、柔软、易打理等。融合是当前比较理想的智能化实现模式，是服饰品智能化的发展趋势，在实现智能性的同时最大程度地保证了服饰品的服饰性。采用融合的思路展开设计，例如融合柔性态可传导纱线以实现智能性，步骤包括产品设计方案制订、可传导纱线制作和服用性能测试、可传导纱线织入面料、面料测试与评估、服饰品结构及纸样设计、立体裁剪及样衣制作、数据读取系统设计、智能结构测试、完成实物（图3-9）。

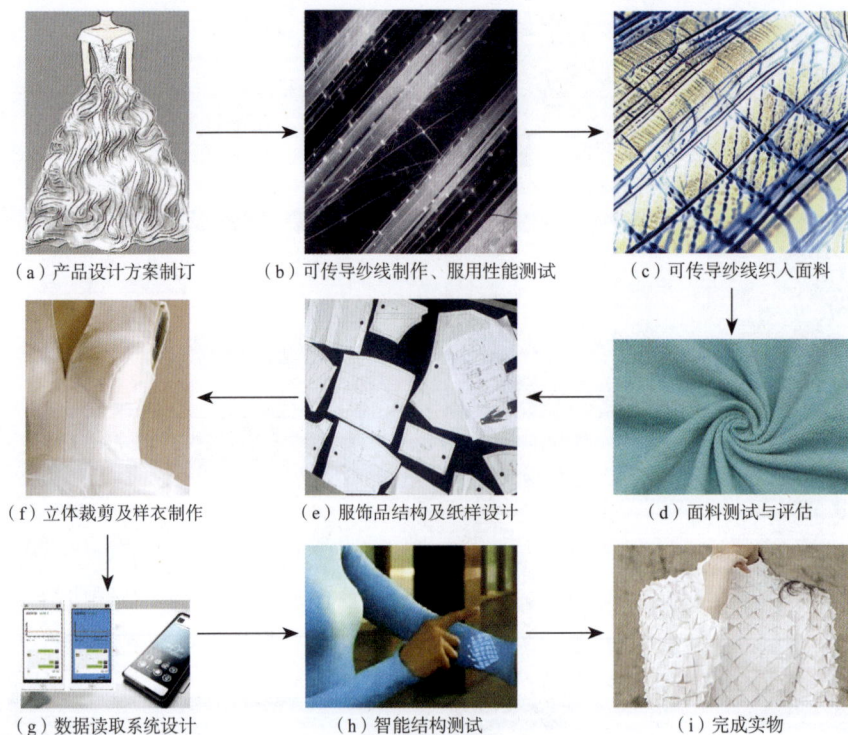

(a)产品设计方案制订　　(b)可传导纱线制作、服用性能测试　　(c)可传导纱线织入面料

(f)立体裁剪及样衣制作　　(e)服饰品结构及纸样设计　　(d)面料测试与评估

(g)数据读取系统设计　　(h)智能结构测试　　(i)完成实物

**图 3-9** 融合柔性可传导纱线兼具服饰性与智能性

## 四、柔性态是智能服饰品的重要考量指标

当前全球范围内都在等待新材料的突破，这个突破还没全面到来，实际上很迫切。智能化主要体现在通过智能材质与设备能够识别用户两种以上不同的状态，根据不同的状态主动选择不同的对应措施。智能服饰一定要纳入整个物联网，纳入云计算，在大数据的体系下体现智能反应。设计师在做设计的前期就要思考这些问题并探索解决方案，这些内容要合理地体现在图纸上。

早期的智能服饰主要通过在衣物中嵌入各种电子器件来实现功能，如心率监测器、运动传感器等。这些器件通常需要与外部设备（如手机、手表等）连接，以收集和传输数据。这种类型的智能服饰在功能上相对有限，且舒适度和便携性有待提高。随着技术的发展，智能服饰开始向柔性和舒适的方向发展，柔性织物传感器的研发不断取得进展，不仅保持了纺织品柔软和贴体的特性，而且具有良好的柔韧性，甚至可以洗涤，这为智能服饰品的发展提供了广阔的应用前景。柔性电子技术的应用使得智能器件可以更加轻薄、柔软，甚至可以贴合皮肤，从而提高了穿戴者的舒适度。此外，柔性显示技术的进步也为智能服饰提供了更多可能性，如可穿戴显示屏、变色织物等。随着人们环保意识的提高，可持续性和环保成为智能服饰发展的重要方向，设计师们开始关注材料的环保性能，如使用可降解材料、循环利用废弃物等。设计师研发时尚性、功能性、智能性兼具的服饰品，而柔性态是智能服饰品的重要考量指标（图3-10～图3-13）。

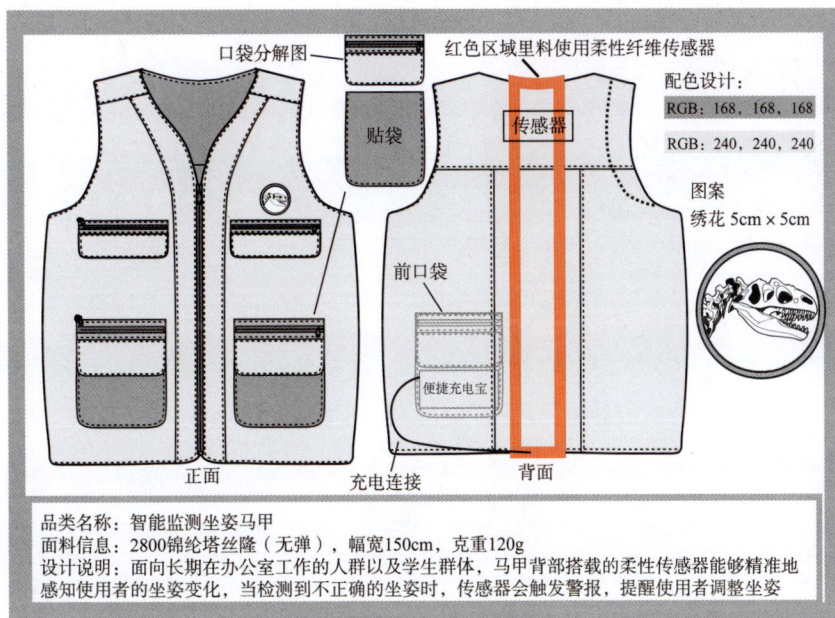

品类名称：智能监测坐姿马甲
面料信息：2800锦纶塔丝隆（无弹），幅宽150cm，克重120g
设计说明：面向长期在办公室工作的人群以及学生群体，马甲背部搭载的柔性传感器能够精准地感知使用者的坐姿变化，当检测到不正确的坐姿时，传感器会触发警报，提醒使用者调整坐姿

图3-10　智能监测坐姿马甲设计与表现　设计师：吴晶莹

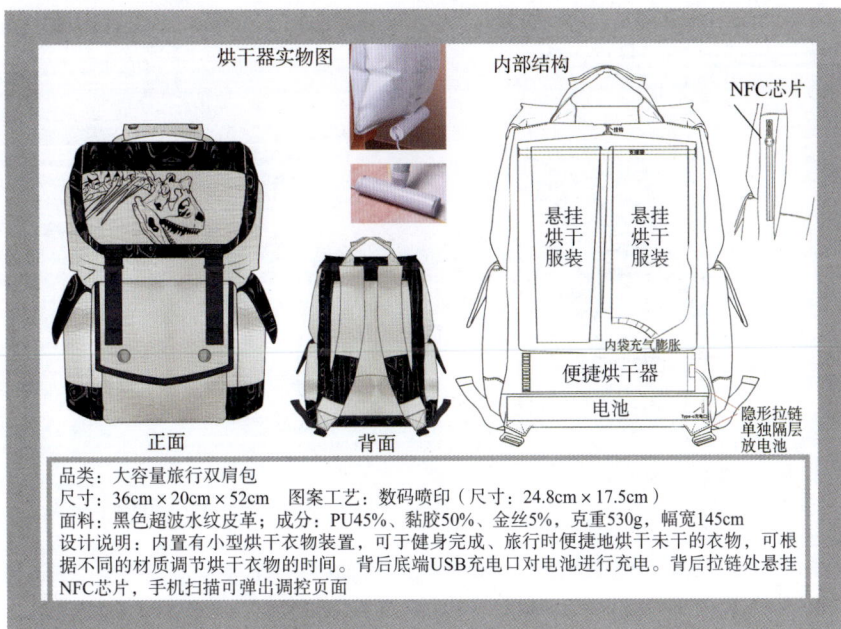

品类：大容量旅行双肩包
尺寸：36cm×20cm×52cm　图案工艺：数码喷印（尺寸：24.8cm×17.5cm）
面料：黑色超波水纹皮革；成分：PU45%、黏胶50%、金丝5%，克重530g，幅宽145cm
设计说明：内置有小型烘干衣物装置，可于健身完成、旅行时便捷地烘干未干的衣物，可根据不同的材质调节烘干衣物的时间。背身底端USB充电口对电池进行充电。背后拉链处悬挂NFC芯片，手机扫描可弹出调控页面

图3-11　智能烘干旅行背包设计与表现　设计师：吴晶莹

款式名称：女士双肩包［名称来自巨沃德（DRYWORLD）］

面料详情：头层牛皮　　内衬面料：涤纶　　辅料：LED灯、金属配件

尺寸信息：宽28cm　　高35cm　　厚13cm

设计说明：针对骑行者设计，转弯时对身后的人预警，防止行人或者车辆发生碰撞。
LED灯接入电源后与手机的蓝牙相连接，打开定位，用手机联动高德地图，在佩戴者
即将转弯时背包上的LED灯会亮起

**图 3-12**　智能转向提示旅行背包设计与表现　设计师：许艺华

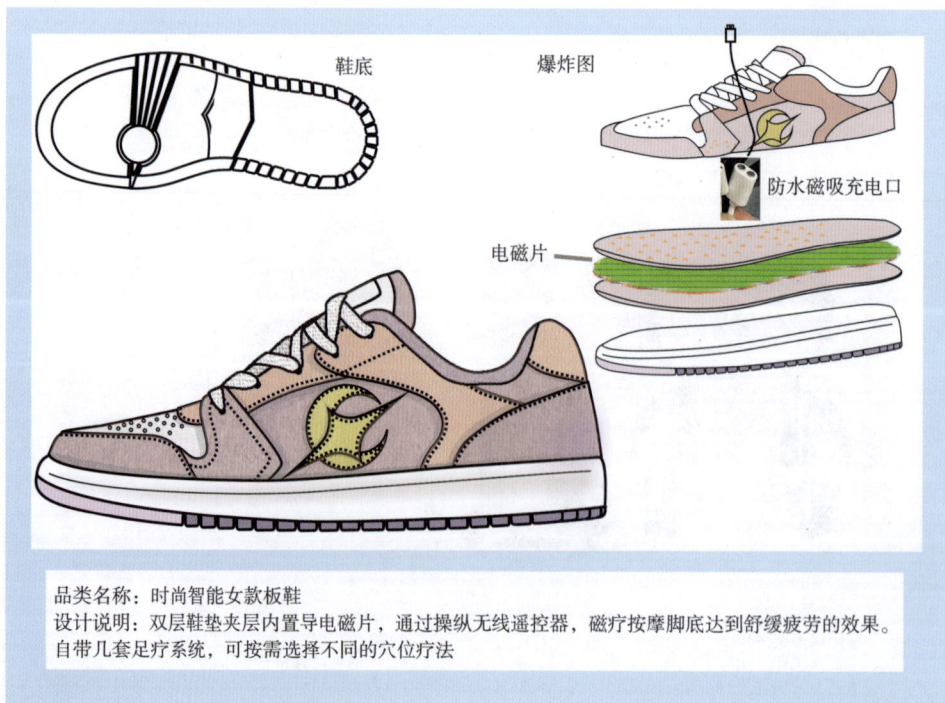

品类名称：时尚智能女款板鞋

设计说明：双层鞋垫夹层内置导电磁片，通过操纵无线遥控器，磁疗按摩脚底达到舒缓疲劳的效果。
自带几套足疗系统，可按需选择不同的穴位疗法

**图 3-13**　智能电磁按摩休闲鞋设计与表现设　设计师：吴晶莹

智能服饰品设计创意与表现

# 第四节 智能服饰品设计创意原则

## 一、智能性优先原则

在智能服饰品设计的过程中，把智能性优先原则放在首要的位置，是区别于普通服饰的最重要的一个表现。服饰的智能性有两个理解角度，首先其是一款服饰品，有基本服饰功能，要达到预想的审美效果，其次搭载相关的材料与器件，从而实现智能性。对于涉及智能性的解决方案，服饰的舒适性与基本性能以及审美效果可能会与智能性产生冲突，大部分情况下设计师会首先考虑满足智能性设计，满足智能相关材质、器件的融合与搭载。

## 二、服饰性原则

智能服饰品创新设计的过程中，要考虑服饰品基础功能的实现，包括基本的材料以及对应的功能、款式结构的造型与特色、板型的舒适性。要考虑设计风格的审美表现，最理想的状态是服饰的时尚性、基础功能性、服饰性、智能性兼具，并且达到最优共存状态。智能服装是智能技术与服装一体化的高科技产品，其舒适性同样是不可忽视的设计要素，主要从两方面考量，一是新型智能材料的设计与开发，二是电子技术的选用与装配，多采用柔性传感技术，将传感器与材料融为一体作为智能服装的基础面料，以保障服装的热湿舒适性及传感器与人体皮肤接触时的感官舒适性等。❶

## 三、安全性优先原则

### （一）设计研发、生产制造安全性

智能服饰品搭载了普通服饰不常用的材料和器件，设计安装不合理可能产生危险。智能服饰品在使用过程中操作不当，也可能产生危险，例如加热服、降温服饰在工作状态下，加热的温度和时间长短须有明确的标准和范围，超时工作、不合理工作均可能会造成烫伤、损

---

❶ 王莹. 智能穿戴服装的发展现状及应用探究［J］. 西部皮革，2015，37（23）：42-44.

坏皮肤身体的情况，在设计环节须提前规避各种危险性因素。

智能服饰的安全性是使用者和开发者都需要考虑的问题。智能服饰嵌入了电子元件和传感器等技术，如果这些技术没有得到恰当的保护，可能会造成数据泄露、身体健康状况泄露等安全问题。为了确保智能服饰品的安全性，设计研发过程中需考虑相关安全措施，包括：进行数据加密，通过对采集到的数据进行加密，确保用户的隐私不被泄露；保障软硬件安全，硬件和软件都需要具备安全性，开发者可以通过严格的安全测试确保软硬件的安全性；明确数据使用权限，开发者应该让用户知道他们的数据会被用于哪些目的，明确数据使用权限，定期对智能服饰进行安全更新，以确保其安全性。

### （二）使用安全性

用户应注意智能服饰的安全性，如不要使用不明来源的智能服饰，以免受到侵害或伤害，包括用户身体生命受到伤害，以及用户的关键隐私与数据信息受到侵害。例如，发热服使用不当或产品品质问题造成身体皮肤灼伤，银行账户、社保账号等敏感信息泄露受到损失。

## 四、易操作原则

设计师须充分考虑智能服饰品的便捷性与易操作性，设计时须注重用户体验，使其方便易用、操作简单。设计师可从以下几个方面考虑：一是配备用户友好型界面，尽量减少冗余功能和信息，让用户能够快速找到所需功能，从而提高智能服饰的易用性。二是具有良好的可穿戴性，轻便舒适、不影响日常生活，能够自然地融入人们的生活中，而不是成为额外的负担。三是尽可能实现语音和手势控制，语音和手势控制是智能服饰易用的重要方法，用户通过简单的手势或语音指令即可操作智能服饰，不需要烦琐的物理按键。四是提供移动应用程序，开发者可以为智能服饰提供移动应用程序，用户可以通过移动应用程序进行智能服饰的设置和控制。移动应用程序的使用符合现代用户习惯，提高了用户的使用便捷性。五是实现数据可视化，将智能服饰采集的数据通过可视化的方式呈现给用户，可以让用户更加直观地了解自己的身体健康状况，提高智能服饰的易用性。

## 五、时尚美观原则

智能服饰品的时尚美观性对于用户来说非常重要，因为人们穿着衣服不仅仅是为了保护身体，也是为了表达自己的个性和风格。智能服饰品要被广泛接受和使用，必须具备美观性，要能够满足用户的审美需求。智能服饰品的外观设计应该美观、时尚，并且与人体工程学相匹配。设计师可以采用各种颜色、图案和材质，增强服饰的美观性和独特性，吸引用户的眼球。如根据时尚趋势和用户需求，选择合适的配件材料和颜色，让智能服饰更加美观和时尚。智能服饰品的美观性是设计中非常重要的元素之一，与基本性能、智能性能共同组成智能服饰品三大要素。

## 六、产业化与高性价比原则

在智能服饰品的开发过程中，需要坚持产业化与高性价比原则，站在全营销视角看待智能服饰品研发，同时以全局化角度看待智能服饰品产业化。智能服饰品的设计和生产应紧跟市场需求，满足消费者的实际使用需求，可于生产制造环节进行成本效益分析，确保产品的高性价比，在不影响功能和质量的前提下尽可能降低成本，使产品价格更具竞争力。还可结合人工智能技术优化供应链，提高生产效率，减少库存积压，从而降低成本并提高产品的市场适应性。智能服饰品在生产和销售过程中采用高性价比原则，可以帮助生产端、品牌端和渠道端降低成本，提高效率，只有持续盈利才能推动品牌持续发展，持续投入研发。这意味着在不牺牲产品质量的前提下，通过优化生产流程、减少浪费和库存，实现成本的有效控制。高性价比的智能服饰品能够更好地满足消费者的需求，同时帮助品牌掌握消费趋势，从而实现市场的供需平衡。这有助于企业根据市场需求调整产品策略，实现业务的持续增长。为了实现高性价比，智能服饰品的生产商需要不断探索和应用新技术，如使用具有交织电路的高级纺织品和其他电子纺织品技术，这些技术创新不仅提升了产品的功能性，也推动了整个行业的发展。

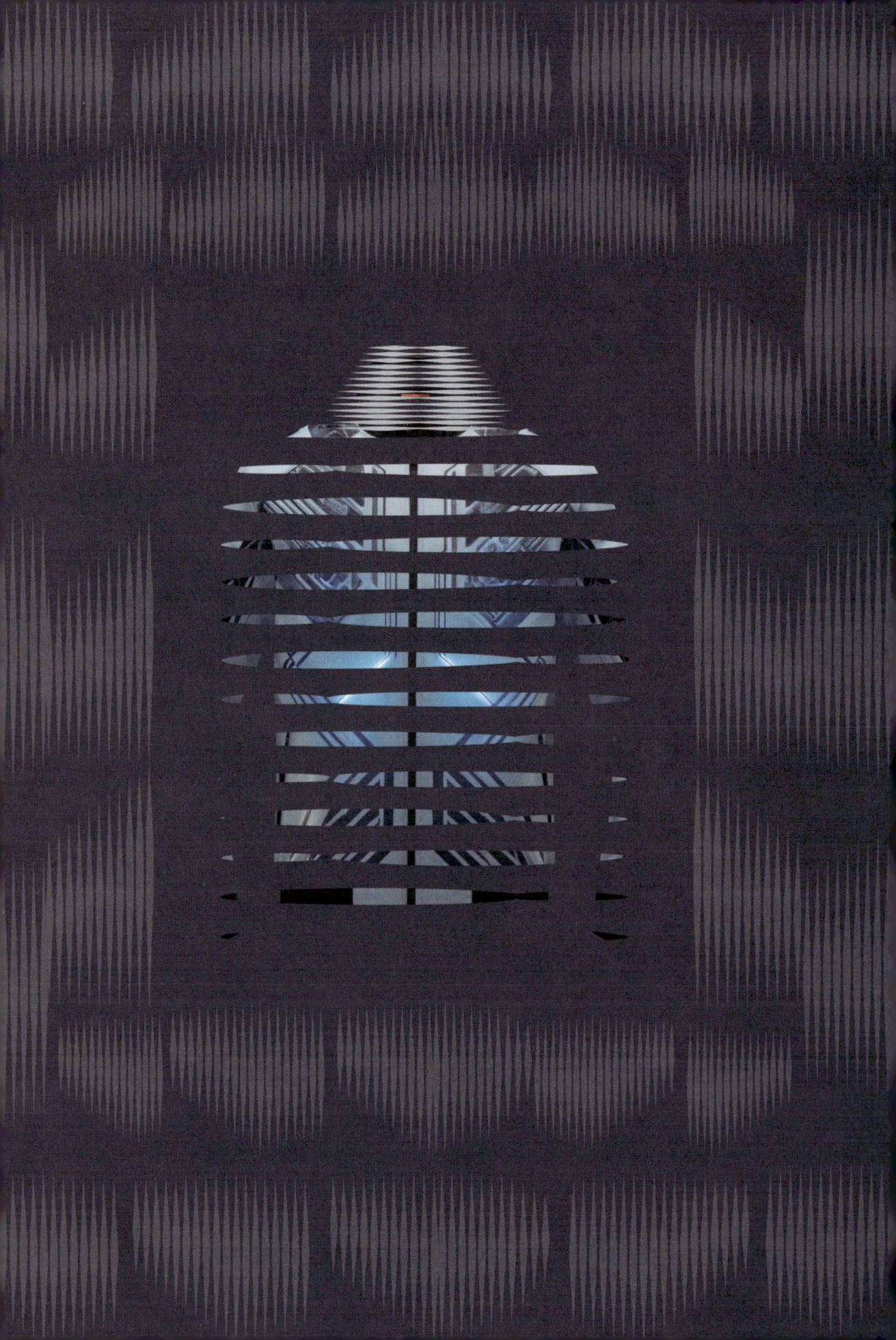

第四章

服饰品设计
创意智能化

设计史记录了创新和变革推动设计理念、方法、生态改进迭代的过程，涉及技术、社会、文化和经济多个方面。变革的本质是系统创新、生产力解放、效率提升，包括社会文化影响变迁、自然客观环境变迁、技术创新、材料创新、理念变革、学科融合、可持续发展、用户参与、商业模式进化。本章讨论的内容包括新时期人工智能快速发展的背景下，对服饰品设计观念、理论、趋势的新思考，以及服饰品设计智能化策略、系统、方法、路径、工具、技术、革新，统称人工智能时尚设计（AI Fashion Design）。

设计源于用户需求，是一种表达情感、沟通思想、探索创新的方式。人工智能时尚设计拓展了服饰品设计的边界，提高了创作效率，激发了社会创造力，在理论层面形成设计认识论重构。设计师在数字化以及元宇宙环境中工作，利用机器学习算法和自然语言处理技术，生成新的设计方案，并根据不同目标进行优化调整，大幅提高了设计效率和准确性，支撑企业、品牌提高产品的竞争力和市场份额。人工智能时尚设计结合大数据分析技术和用户行为预测模型，即时优化设计方案，释放设计师创意，分为智能辅助设计、智能复制设计、智能搭配设计、智能完全设计，其中智能辅助设计最为常用。

# 第一节　设计工作全面智能化

人工智能时尚设计辅助设计师开拓新路径，根据设计师的要求生成个性化的设计方案。人工智能时尚设计已替代设计师的一部分工作，成为设计师不可或缺的工作助手。

## 一、观念的革新：人工智能与传统服饰品设计技术相结合

### （一）服饰品设计技术与素养

服饰品设计包括创意构思、草图设计、色彩设计、面料设计、款式图设计与绘制、廓型板型设计、纸样设计、工艺设计、样衣制作、试板调板。设计师需要具备良好的造型表达能力、创意思维能力、面料开发能力、结构制作能力、潮流把握能力。设计师以数字化绘图工具为主开展工作，小部分设计师坚持手绘，手绘效果图灵活机动、表现力强，适合快速表达较为抽象和艺术化的设计方案；数字化绘图则将设计方案以二维图像、三维模型的形式呈现出来，更加真实，表现精细、逼真度高。当前主要二维设计软件包括矢量图形处理软件

Adobe Illustrator，点阵图形处理软件 Adobe Photoshop，结构设计常用的各类 CAD 绘图软件；三维软件包括 3D Max、玛雅（Maya）、犀牛（Rhino）以及行业 3D 绘图软件。不同类型的绘图软件工具各有其优缺点，设计师需要根据自身特点、设计方案、目标受众、团队需求选择最合适的表现方式。设计师须了解面料特性如质地、色彩、肌理，掌握制板、出格、剪裁制作技术。

### （二）人工智能介入服饰品设计

人工智能介入服饰品设计，影响了设计师的思维模式和工作模式。传统设计依赖设计师的直觉和经验，而在人工智能时尚设计语境下，设计师依托数据分析进行设计决策。在人工智能时尚设计语境下，设计师须整合不同学科的知识和技术，如工程学、心理学、计算机科学，跨学科融合为设计带来新的视角。

人工智能时尚设计驱动设计过程优化，缩短周期，提高效率。智能助理不间断、实时收集、分析数据，支持设计师获得更宏观的视野，更快速了解消费者需求和市场趋势，精准预测用户需求与喜好，实现更高效的快速反应，减少误判，减少不确定性。人工智能时尚设计支持艺术与科技的融合，不仅被用于实用产品构建，还被运用于艺术表现以及实验性设计探索。

## 二、服饰品设计是基于人工智能的系统性工作

人工智能时尚设计以人工智能技术为依托，以数据、工具、平台为核心，形成大数据驱动下的设计研发和管理创新，获得智能化的辅助性专业意见，实现主动创新、激励、评估、反馈。结合任务需求，人工智能时尚设计建立个性化工作模型，对每个阶段的设计结果进行有效存储、计算、传递、评估、优化、迭代。

人工智能时尚设计能够提取设计认知模型中的显性特征、隐性特征、映射关系，开发面向智能制造领域的服饰品设计知识图谱。通过群智协同计算方法，对平面到平面、平面到立体、立体到立体等设计方案生成开展多层次优化计算、推理与迭代。人工智能时尚以算法支持和驱动设计知识表达、设计知识图谱迭代、设计大语言模型训练、设计思维建模、设计数据智能记录。

## 三、设计师工作台全维度智能化

人工智能语境下设计师的工作内容都将形成数据记录，围绕人工智能大模型的机器学

习、智能生成、智能预测、智能决策能力持续进步。人工智能时尚设计实现设计方案的主动评估和优化，实现主动构建针对设计方案的技术、美学自审标准及场景体验标准、产品智能标准。搭建人工智能时尚设计融合用户需求、群智算法、运筹优化、计算美学、多模态交互的，综合性与虚拟性结合的评价体系和优化模式。人工智能时尚设计基于云扩展现实（Cloud XR）虚拟现实展演技术，支持虚拟空间的服饰品三维造型与设计美学特征表达，辅助设计师建立面向人机协同智能设计工具的审美评价指标，构建虚拟现实场景下的服饰品文化风格和设计美学主客观评价体系。人工智能时尚设计辅助驱动设计师的创新思维、创新机制、方法路径、创新行为持续优化；辅助设计师持续开展设计优化，双向奔赴，驱动人性智慧化到人性智能化的演变；辅助设计师使用群智设计平台挖掘创意，在设计过程中自如掌控发散思维与收敛思维；辅助设计师在人机协作过程中，自如掌控设计任务流的改变趋势，支持设计师结合消费心理学、社会流行与大众审美、功能性表达等多方面要素，完善设计对象的物质性与非物质性创新。

人工智能时尚设计工作台能够主动构建、优化庞大的专用定向素材库，能够分析大量的服饰品图片、素材数据，如各种纹理、图案和设计元素，设计师可以轻松地定向搜索和访问这些资源用来创作。例如，DEJAAI是一款基于人工智能的时尚设计软件，通过对海量服装图片的标注训练，定向输出，支持设计师快速完成设计方案。人工智能时尚设计平台的智能数据分析工具可以帮助设计师了解市场动态和消费趋势。人工智能时尚设计语境下的虚拟试衣融合了AR技术、VR技术、3D建模技术、虚拟仿真技术，设计师可以在不制作实物的情况下进行服饰品原创款式的体验、测试、优化，高效提速，降低损耗。

### （一）智能助手：设计师工作台的智能化和主动性

人工智能时尚设计是一种具有智能和主动性的工具或伙伴。设计师与工具之间的关系变得更加互动和共生，智能化的工作台不再是冷冰冰的工具，而成为设计师工作中最亲密的伙伴，每位设计师都要建设、磨合自己的个性化智能助手。

人工智能时尚设计工作台智能优化日程和任务，提醒设计师即将到来的截止日期、看稿看样会议安排、当前阶段性任务，并给出具体的操作建议与质量标准。人工智能时尚设通过实时追踪行业动态、时尚趋势、市场数据，向设计师定向推送关键资讯，驱动设计师认知前沿化。利用人工智能的预测模型和数据分析能力，智能工作台对设计师的方案进行成本估算、材料可得性分析、市场潜力评估，提供实施建议。结合VR技术，智能工作台实现沉浸式设计细节展示，设计师可在虚拟环境中查看和修改设计方案，识别设计中存在的问题与不合理之处，如板型结构、材料不合适或工艺实现度低等在平面图纸中不易发现的问题，提供改进建议与优化建议。

### （二）智能化背景下设计介质与设计元素的优化与重构

对趋势的把握是设计工作不可或缺的部分，人工智能时尚设计工作台主动优化相关介质，辅助设计师把握市场趋势。设计师获取最新时尚资讯，高效解决传统设计中遇到的问题，包括引入动态设计元素，使用多种模型与算法，增强设计交互性。

智能板房配备高效研发设备和管理系统，设计、打板、裁剪、缝制都通过智能化系统进行优化，以减少错误和浪费，提高效率。设计绘图智能大模型是设计工作的重要工具，支持设计师快速设计、高效修改、快速制板。例如，博克智能服装CAD超级系统就是一个集成了参数化、智能化、集成化的CAD系统，可实现联动修改和自动推放；人工智能时尚设计软件DEJAAI通过分析大量服装图片，辅助设计师快速生成新的设计草图，同时智能匹配面辅料。

面料是服饰品设计中最基本的要素，设计师应根据设计需求和功能性，选择适合的面料。色彩是表达服饰品风格和情感的重要元素，图案提升服装的视觉兴趣，传达特定的主题或信息。人工智能时尚设计工作台实现服饰品设计工作的结构优化，提供多样化的设计样本给设计师选择，拓宽了设计师的创作思路，辅助设计师分析和选择适合的面料，找到更多未被发现的可能性。

## 四、人工智能改变设计师与传统工具的关系

人工智能时尚设计正在改变设计师与传统工具的关系，传统的技能、工具已显得不够用。人工智能时尚设计支持重复性任务智能化，支持数据驱动的设计决策，在个性化设计、协作和沟通、学习和培训、创新和实验方面带来创新和变革。是工具亦是伙伴，人工智能时尚设计正在改变设计师与传统工具的关系。

### （一）工具的复杂化和技术化

个人的精力与能力始终有限，设计师需要跨界的团队协作，而人工智能是一种基于复杂算法的工具，它需要设计师有效地使用和控制。借助人工智能设计助理，设计师能够即时获得个人专业认知以外且亟须的关键信息与能力，设计工作变得更加技术化、专业化、跨学科化、综合化。

### （二）工具的虚拟化和数字化

人工智能时尚设计可以在网络和云端进行创作和传播，前期工作无须消耗更多实物材料和空间。元宇宙语境下数字化虚拟服饰品展示，一方面有助于纠正70%的早期设计偏差，提升以实物实现为目标的设计工作，另一方面驱动一个全新的元宇宙虚拟服饰品市场。服饰

品建模目前正朝着两个方向发展，一是越来越接近现实，为实体企业提供生产数据；二是越来越接近虚拟，作为数字内容和虚拟商品存在。数字服饰品不仅与传统时尚产业有所区别，它还体现了创意、创新性以及可持续性的环保理念。智能化驱动了设计与电子商务的结合，设计师通过平台直接与消费者互动，构建新时期的粉丝经济。通过虚拟试衣和身体扫描技术，消费者可以在线上进行准确的尺寸测量和试穿，定制符合自己身型和喜好的服饰品，消费体验升级，减少浪费，智能化正在改变传统的设计模式。

# 第二节　人工智能时尚设计相关的大模型与创作平台

人工智能时尚设计平台的人工智能大模型为设计师提供了全新的创作可能性，根据创作需求、创作模态、创作阶段的不同，可分为文本生成大模型、图像生成大模型、音乐音频生成大模型、视频生成大模型、三维生成大模型以及专业的服饰品智能设计大模型。

人工智能时尚设计大模型支持灵感获取与创意扩展，能够分析大量的时尚数据，包括流行趋势、色彩搭配、纹理样式。人工智能时尚设计大模型能根据设计师的初步草图或描述，自动提出设计建议，如款式、面料选择等，帮助设计师完善和细化构思。人工智能时尚设计大模型提供实时反馈，指出设计中可能存在的问题，根据目标市场和消费者偏好提出改进建议。人工智能时尚设计大模型提供面辅料建议，支持设计方案的可实施性。人工智能时尚设计大模型承担着大量的数据处理和初步设计工作，从而释放设计师的时间。人工智能时尚设计大模型支持团队协作，不受时间空间限制，设计师可与团队成员共享信息、即时沟通，实现高效协作。利用虚拟现实和增强现实技术，人工智能时尚设计大模型提供虚拟试衣的体验，支持消费者升级体验。结合大数据分析，人工智能时尚设计大模型可预测某些设计在市场上的表现，支持设计师和品牌优化决策。

人工智能时尚设计平台的文本生成大模型，可描述和解释设计概念，生成时尚评论和分析，自动生成产品描述和营销文案，提供风格建议和搭配指南。图片图像生成大模型，能够演绎二维设计元素，设计新的服装图案和纹理，生成时尚草图和设计方案，创建虚拟模特和试衣效果，预测和模拟布料的垂坠和流动效果。音乐音频生成大模型，通过创作背景音乐和音效以配合时尚秀，生成时尚视频或广告的配音，创造特定情境下的音响效果，例如符合主题的走秀T台音响效果。视频生成大模型，可制作时尚秀或者产品的宣传视频，虚拟试衣间中模拟穿戴效果的视频，分析和评价时尚秀或者广告的视频内容。

# 一、以ChatGPT为代表的人工智能大模型

GPT（Generative Pre-trained Transformer）是由美国OpenAI公司开发的一种机器学习模型，旨在通过基于前一个单词的上下文预测序列中的下一个单词来生成类人文本。该系统对大量文本数据进行了预训练，可以针对语言翻译、文本摘要和问答等特定任务进行微调。GPT模型已被用于各种应用程序，包括聊天机器人、虚拟助理和内容生成。2018年，OpenAI的GPT-2成为第一个能够生成高质量自然语言文本的人工智能系统，引发了社会对人工智能的更深层次思考和讨论。2020年，GPT-3进一步升级优化了自然语言处理模型，具有惊人的语言生成能力，引发了对人工智能的更广泛关注和讨论。2022年11月30日发布的ChatGPT是一种基于GPT技术的聊天机器人，使用了大量的语言模型和机器学习算法，它可以进行自然语言对话，根据用户的输入生成自然语言的回复。ChatGPT可以用于各种应用场景，如客服、智能助手、语音识别等，衍生出图形、音频、视频等多维度内容生产。2024年5月14日，OpenAI推出GPT-4o，该模型是为聊天机器人ChatGPT发布的语言模型，可以实时对音频、视觉和文本进行推理，新模型使ChatGPT能够处理50种不同的语言，同时提高了速度和质量，并能够读取人的情绪。可以在短至232毫秒的时间内响应音频输入，与人类的响应时间相似。

ChatGPT代表了人工智能领域的一个创新高潮，开启了知识生产新模式，在多个领域展现出卓越的自然语言生成能力。它基于预训练语言模型，通过在大规模数据集上进行训练，学习语言的基本结构和语义，能够理解和生成自然语言。大模型能够根据对话上下文进行学习和回应，在对话中表现出更加自然和连贯的语言能力。ChatGPT不仅在技术和学术界引起了广泛关注，它们还在工业、政务等多个垂直细分领域展现出广泛的应用潜力。ChatGPT被称为基础模型或预训练模型，它们通过在大规模宽泛的数据集上进行预训练，为各种下游任务提供了强大的通用性。

# 二、人工智能时尚设计涉及的文本生成大模型

在文本生成领域，人工智能创作平台借助深度学习模型，对语言深入的理解和生成能力的显著提升。通过简洁的文字描述，用户能够迅速获取包括自然语言型文本、程序代码型文本和设计文案型文本等在内的多样化高质量文本产出。运用庞大的语料数据进行训练，大模型得以深入探索语言的内在规律和表达方式。模型能够根据上下文和语义的精准理解，迅速生成与要求相符的自然语言型文本。无论是日常对话的模拟还是设计文案的构思，人工智能

可在有限时间内提供高质量、流畅自然的文本内容，显著提高文本生成的效率和质量，能够创作出具有情感深度、情节连贯性和主题鲜明性的作品（表4-1）。

表4-1 基于人工智能大模型的文本生成平台

| 基于人工智能大模型的文本生成平台 | | 基于人工智能大模型的文本生成平台 | |
|---|---|---|---|
| 平台名称 | 隶属公司 | 平台名称 | 隶属公司 |
| ChatGPT | OpenAI | 通义千问 | 阿里云 |
| 新必应（NEW Bing） | 微软 | 讯飞星火 | 科大讯飞 |
| 文心一言 | 百度智能云 | 紫东太初 | 中国科学院自动化研究所 武汉人工智能研究院 |

## 三、人工智能时尚设计涉及的图形图像生成大模型

图形图像生成大模型可通过训练深度神经网络来生成高质量的图像，可根据用户提供的不同输入模态，如文本（text-to-image）、图像（image-to-image），运用各种算法和模型，生成符合输入语义要求的图像作品。对不同技术原理的梳理，可将图像生成领域的技术场景划分为图像属性编辑、图像局部生成及更改，以及端到端的图像生成。其中前两者的落地场景为图像编辑工具，指部分更改图像构成、修改面部特征。端到端的图像生成则对应创意图像及功能性图像生成两大落地场景，主要指基于草图生成完整图像、有机组合多张图像生成新图像、根据指定属性生成目标图像。多种图像生成的交互式创作方式可以让创作者更专注于艺术创作的本质，同时也为非专业人士提供了更加友好且无障碍的创作途径（表4-2）。

表4-2 基于人工智能大模型的图像生成平台

| 基于人工智能大模型的图像生成平台 | | 基于人工智能大模型的图像生成平台 | |
|---|---|---|---|
| 平台名称 | 隶属公司 | 平台名称 | 隶属公司 |
| Stable Diffusion | Stability AI | 文心一格 | 百度 |
| Midjourney | Midjourney | Tiamat | 上海退格数字科技有限公司 |
| Dall-E 2 | OpenAI | 江城洛神 | 武汉人工智能研究院 |
| Imagen | 谷歌 | Liblib AI | 北京奇点星宇科技有限公司 |
| Deep Dream | 谷歌 | WHEE | 美图秀秀 |

# 四、人工智能时尚设计涉及的音乐音频生成大模型

音乐音频生成大模型通过算法和模型生成音乐音频数据，可应用于流行歌曲、乐曲、有声书的内容创作，以及视频、游戏、影视等领域的配乐创作，场景包含自动生成实时配乐、语音克隆以及心理安抚等功能性音乐的自动生成。在时尚服饰品设计领域有广阔应用空间，包括元宇宙、顾客体验、品牌音频产品、营销活动、品牌公关社交（表4-3）。

表4-3　基于人工智能大模型的音频生成平台

| 基于人工智能大模型的音频生成平台 | | 基于人工智能大模型的音频生成平台 | |
| --- | --- | --- | --- |
| 平台名称 | 隶属公司 | 平台名称 | 隶属公司 |
| Shutterstock | Shutterstock | Music LM | 谷歌 |
| Stable Audio | Stability AI | Ecrett Music | Ecrett Music |
| AIVA | AIVA Technologies | AudioCraft | Meta |
| Jukebox | OpenAI | 网易天音 | 网易 |
| MuseNet | OpenAI | | |

# 五、人工智能时尚设计涉及的视频生成大模型

目前人工智能生成视频的算法模型还有较大完善空间，还没有出现一家独大的局面。视频生成大模型是指通过对人工智能的训练，使其能够根据给定的文本、图像、视频等单模态或多模态数据，自动生成符合描述的、高保真的视频内容。基于应用视角可以对视频生成的方式进一步细分，包括剪辑生成、特效生成和内容生成，三种方式的结合使用可以大量应用在动画、电影、游戏、短视频、广告等视觉制作领域，在工业设计、产品设计、建筑设计、教育培训等行业也可以提供更加直观的演示效果。从技术上看，视频是把多张图片有逻辑和连贯地组合在一起。由文字生成视频，首先要生成多张图片，然后要把这些图片有逻辑和连贯性地组合起来，因此难度比文字生成图片高很多，若能像文字生成图片那样能够高效率地生成高品质视频，将对短视频、影视、游戏、广告等内容生产行业带来重大影响，不仅提升视频制作的效率和成本，还能帮助设计师产生更多的灵感和创意，让视频内容行业变得更加丰富和多元（表4-4）。Sora是OpenAI发布的一款人工智能文本到视频生成模型，标志着人

工智能在理解和生成复杂视觉内容方面迈出了重要的一步。Sora能够根据用户提供的文本提示创造出最长60秒的逼真视频。其背后的技术基于OpenAI先前开发的文本到图像生成模型DALL-E。该模型不仅能理解物体在物理世界中的存在方式，还能深度模拟真实世界，生成包含多个角色和特定动作的复杂场景。这在AI领域是一个重大突破，因为它展示了AI在理解和再现现实世界方面的先进能力。

表4-4 基于人工智能大模型的视频生成平台

| 基于人工智能大模型的视频生成平台 | | 基于人工智能大模型的视频生成平台 | |
|---|---|---|---|
| 平台名称 | 隶属公司 | 平台名称 | 隶属公司 |
| Gen-2 | Runway | CompyUI | ComtyUI |
| SD Deforum | Stability AI | NUWA-XL | 微软亚洲研究院 |
| Imagen Video | 谷歌 | Sora | OpenAI |
| Phenaki | 谷歌 | CogVideo | 清华、智源研究院 |
| SD-EbSynth | EbSynth | | |

## 六、人工智能时尚设计涉及的三维造型生成大模型

人工智能三维造型生成大模型利用深度神经网络学习并生成物体或场景的三维模型，并在三维模型的基础上将色彩与光影赋予物体或场景，使生成结果更加逼真。生成物体或场景的三维模型称为三维建模，生成三维模型的色彩与光影称为三维渲染（表4-5）。

表4-5 基于人工智能大模型的三维生成平台

| 基于人工大模型的三维生成平台 | | 基于人工大模型的三维生成平台 | |
|---|---|---|---|
| 平台名称 | 隶属公司 | 平台名称 | 隶属公司 |
| DreamFusion | 谷歌 | Shap-E | OpenAI |
| Magic3D | 英伟达 | MCC | Meta |
| Point-E | OpenAI | | |

## 七、人工智能时尚设计专用大模型

设计师早期通过手绘效果图、款式图、工艺图完成相关设计工作，逐渐发展到使用电脑软件进行设计绘图工作，二维平面设计有CorelDRAW、Adobe Illustrator、Adobe Photoshop等软件和服装、箱包、鞋靴类分行业二维平面结构画图软件，通用三维设计画图软件有犀牛、3D Max、玛雅、MD等。人工智能时尚设计专用大模型的持续迭代让服饰品设计工作不断突破上述工具的边界，过去数十年服饰设计师行业内被认为非常重要的技能快速边缘化，促使设计师更多地从思维、眼界、意识、体系等宏观角度与个性角度展开竞争。

人工智能时尚设计专用大模型可以更快地生成和修改设计方案，每个人都可以尝试设计自己的服装，降低了进入时尚行业的门槛。人工智能时尚设计专用大模型可以帮助设计师更好地了解消费者的需求和喜好，从而提供更加个性化的定制服务；可以帮助设计师更环保、更高效地设计服饰品；可以让顾客在购买前进行虚拟试衣，提高购物体验；可以用于在线时装秀和产品展示，扩大品牌的影响力（表4-6）。

表4-6　基于人工智能大模型的时尚设计平台

| 基于人工智能大模型的时尚设计平台 | | 基于人工智能大模型的时尚设计平台 | |
| --- | --- | --- | --- |
| 平台名称 | 隶属公司 | 平台名称 | 隶属公司 |
| AI Fashion | 北京极睿科技有限责任公司 | Ctic Wgsn AI | WGSN中国有限公司 |
| Diction | 深圳市蝶讯网科技股份有限公司 | POP Fashion AI | 逸尚创展（上海）科技有限公司 |
| DEJAAI | 杭州深图智能科技有限公司 | | |

# 第三节　人工智能时尚设计案例

## 一、时尚流行趋势智能分析与预测

人工智能支撑服饰品个性化服务，针对用户、市场的差异，提出在不同时间段或场合最能代表其个性穿衣风格的建议。通过大数据智能分析，为客户获得预测性的洞察能力，判断服饰流行趋向，为制衣商提供消费群体、产品用料、顾客期望的造型等数据，并对潜在客户领域预测，挖掘和分析未来服饰品发展趋势，智能预测在将来会成为人工智能设计的数据先锋。❶ 服饰品流行趋势以服饰品为预测对象，在归纳总结过去和现在服饰品流行规律与现象影响因子的基础上，展示未来某个时期的服装趋势走向。人工智能时代下，服饰品信息化门槛的降低与服饰品信息数量的增多，意味着依据海量数据资源中的消费者个人信息、浏览资讯、各大时装周的数据资源、各类款式图片、文字描述和检索词等，能更全面地统计出真正的流行趋势。运用机器学习中的算法和统计模型，以大数据为基础预测流行趋势。❷ 人工智能时尚设计助手能够根据用户习惯自动生成文字结合图片形式的、聚焦某一风格的最新流行趋势分析报告与预测建议。

## 二、时尚设计数据智能化

人工智能支撑服饰品创意设计数据分析，通过对市场、用户需求、流行趋势等数据的分析，可以了解消费者的需求和喜好，为设计师提供更加准确的指导。

人工智能时尚设计成为服饰品创新设计研发的重要平台，实现了从三维人体测量、人体建模、2D衣片模拟、3D虚拟缝合到虚拟试衣的完整个性化设计流程。3D服装仿真渲染技术将二维CAD板片进行虚拟缝合，通过3D人体模型生成功能，可在真实试穿效果的模拟下，调整服装的面料、辅料和配色，数字孪生技术助力实现无限次的贴图生成、裁开织物、制作褶裥、缝制刺绣、翻印图案、添加面料层数、模拟蒸汽熨斗对面料的拉伸和收缩，形成数字服饰品。智能三维图形引擎，在本地和云端同时提供各种驱动数字样衣所需的服务，通过扫描及测试设备，获取面料的各种物理属性参数与表面纹理特征，实现设计过程的云端在线协作，这为服饰设计和板型制作节省了时间，提升了整体设计效率。某大型时装品牌公司的商品部独立开发了一套智能化的看板数据，不同工位的工作数据实时更新到公司ODS平台上，ODS系统会进一步智能整合，符合权限的相关部门同事能24小时使用相关数据，推进下一工序的工作。

## 三、基于人工智能大模型的面料数据库

智能三维图形引擎在本地和云端同时提供各种驱动数字样衣所需的服务，通过扫描及测

---

❶ 苏斯，姚梦醒.人工智能与服装设计的融合模式及其要求分析［J］.北京印刷学院学报，2020，28（8）：37.

❷ 赵梦如.人工智能在服装款式设计领域的应用进展［J］.纺织导报，2021（12）：74—77.

试设备，获取面料的各种物理属性参数与表面纹理特征，实现设计过程的云端在线协作，为服饰品设计和板型制作节省了时间，提升了整体设计效率。服饰企业、品牌持续建设基于人工智能大模型的智能面料数据库，分为两个大区，一是大模型基于互联网视野智能、定向获取的面料数据，二是公司内部面料开发岗位员工双向建设的自由面料数据库。一方面，面料开发员不限时间、空间上传面料数据；另一方面设计师不限时间、空间获取面料数据，包括面料名称、商品代码、经纬纱密度、经纬纱支数、有效幅宽、成品克数、组织结构、整理方式、成品类型、成分、产品图片、风格类型以及供应商数据，实现设计师与相关用户即时检索、协同工作。自助面料数据库建设主要基于面料扫描仪，可实现全自动生成漫反射、置换、高光、透明度贴图，自动无缝拼接并预览效果，极简的用户界面设计，非专业人员也可轻松上手。扫描面料进行特殊光影算法处理后，逼真呈现面料表面的纹理凹凸效果。服饰品辅料通常用于扩展服饰品功能和装饰服饰品，包括拉链、纽扣、织带、垫肩、花边、衬布、里布、衣架、吊牌、饰品、划粉、钩扣、皮毛、商标、线绳、填充物、塑料配件、金属配件、包装盒袋、印标条码等。如深圳某时尚品牌商品部智能化数据中台实现不同部门、不同职级的同时在线协同工作，提高了效率。

## 四、元宇宙语境下的智能量体

服装、箱包、鞋靴、帽饰对应不同的人体数据，人体尺寸数据提取及人体体型特征的研究是服饰品设计的基础。当前人体测量技术从接触式向非接触式迅速过渡和发展，三维扫描个性化数据研究成为业界关注的重点。立体人模数据库包括通用型人体模板数据库和非标准人体模板数据库，是智能量体的两大主攻模块，非标数据特别关注高低肩、端肩、溜肩、驼背、平胸、凸胸、垂胸、宽胯、平臀、翘臀、落臀。通过获取客户的人体关键特征数据，利用模板匹配算法在模板数据库中查找相似的人体模型，采取三维人体扫描等最新技术，测量更简单、更准确。加拿大NDI公司三维动作捕捉系统（3D Investigator）可以集成脑电、肌电、眼动等数据同步分析，数据实时采集和显示。目前由中国标准化研究院启动的"中国成年人工效学基础参数调查"项目，构建工效学基础参数指标体系，将为中国人提供更多量身定做的产品和人性化的服务。❶

接触式量体须由量体师来进行，要求被测量者站立，量体师利用软尺对被测量者的胸

❶ 苏斯，姚梦醒.人工智能与服装设计的融合模式及其要求分析[J].北京印刷学院学报，2020，28（8）：36.

围、腹围、颈围、臀围、腕围、腿围、臂长、腿长等近三十项尺码逐一测量，平均测量一个人的所有尺寸需要3~5分钟，效率低且耗费人力、物力。智能化的非接触三维人体测量是以现代光学技术为基础，融光电子学、计算机图像学、信息分析与处理、计算机视觉等科学技术为一体，具有扫描时间短、精确度高、测量部位多等特点，实现精确测量人体形态与曲线特征，代表现代人体测量技术的发展。人工智能人体测量在基础人体数据库建立、服装号型研究、虚拟服装设计展示、大规模量身定制生产等方面有着重要作用，是未来服装企业提供合体服装、实现快速反应的重要技术方法和手段。人工智能系统进行量体操作具备多项明显优势，如扫描时间短、精确度高、测量部位多、方便快捷、体验相对较好等。武汉亘星智能技术有限公司开发的"亘星完美量体"软件，利用人工智能深度学习技术，每次测量只需输入被测量者的性别、身高、体重，然后拍摄照片，就能快速计算出制衣所需的30项尺寸数据以及三维人体，整个过程在30秒左右即可完成（图4-1）。

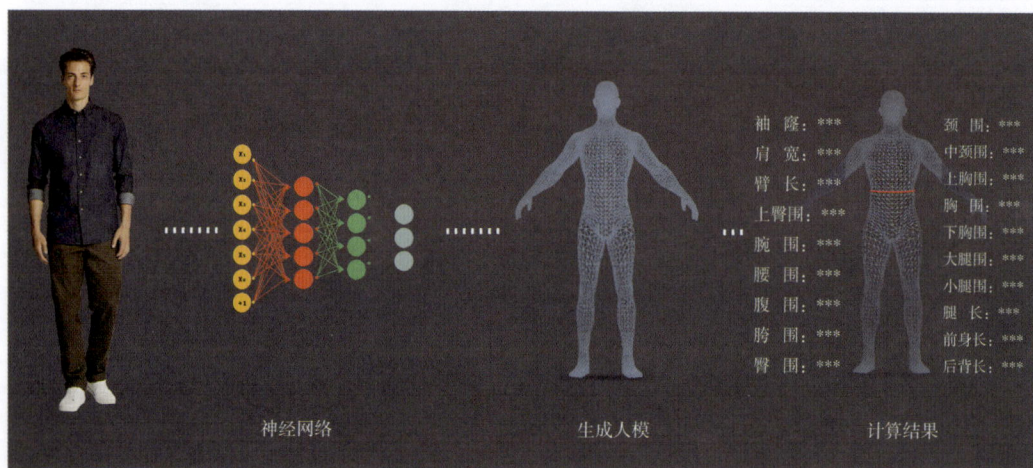

**图 4-1　亘星完美量体**

## 五、智能化、数字化服饰品设计表达

服饰品设计表达主要包括设计图纸绘制到样衣实物呈现，是新品研发的主要内容。服饰品数字化设计表达是指利用CAD、计算机辅助制造（CAM）和其他数字工具，进行服饰品设计。设计师使用二维绘图软件如Adobe Illustrator 和Adobe Photoshop完成二维设计图纸，包括设计草图、款式图、效果图。设计师使用计算机辅助设计软件玛雅、3D Max 或Blender创建三维模型，使用VR技术来进行试穿，呈现仿真演示，设计师通过虚拟仿真效果评估设计款式的尺寸、比例和整体效果并进行必要的调整。

基于人工智能大模型的智能化服饰品设计表达系统集成了设计、制板、排料、裁剪等多个功能模块，实现了从设计到生产的一体化解决方案。元宇宙语境下的智能CAD系统从设计环节切入，设计图纸出现的同时，CAD系统的纸样结构设计同步完成，纸样切割机收到指令打印完整纸样。服饰品设计智能化自动操作一般通过计算机辅助设计系统完成。采用CAD成套系统实现快速制板放码、裁剪房自动铺布、自动裁床精确快速裁剪。蝶讯AI 3D样衣生成工具针对服装生成3D模型并进行部件拆分，支持各个部件自定义更换面料、图案、色彩，支持720°自由旋转全方位实时预览效果、更换展示场景（图4-2）。

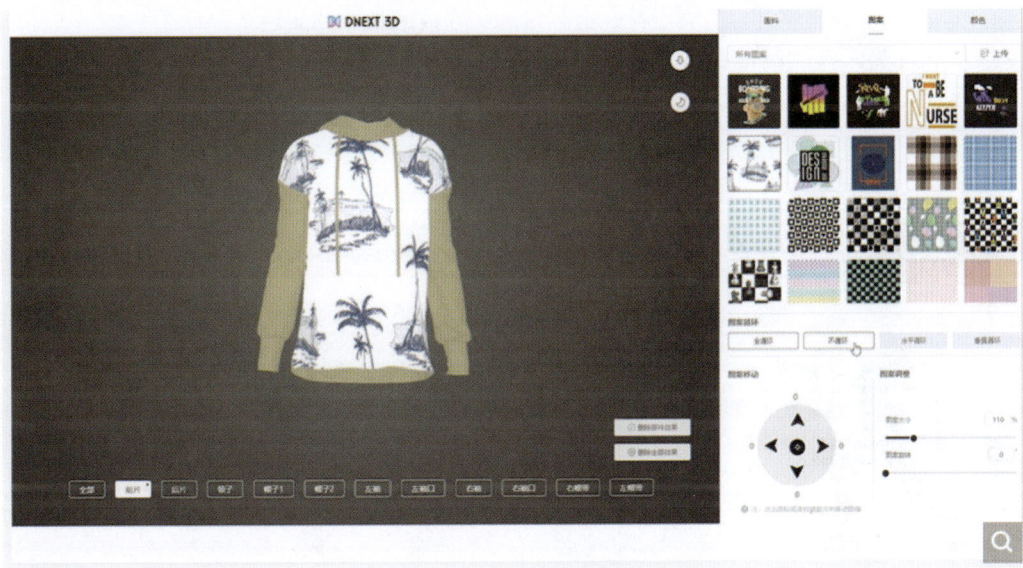

图4-2　蝶讯AI设计师

　　数字化设计方式已成为服饰品设计的主导方式，实现了从三维人体测量、人体点云数据处理、人体建模、二维效果图绘制、二维款式图绘制、二维衣片模拟、三维虚拟缝合到虚拟试衣的完整个性化设计流程。三维服饰品仿真渲染技术将三维与服饰品设计CAD板片进行虚拟缝合，通过三维人模生成功能，可在真实试穿效果的模拟下调整服饰品的面料、辅料和配色。数字孪生技术助力实现无限次的贴图生成、裁开织物、制作褶皱、缝制刺绣、翻印图案、添加面料层数、模拟蒸汽熨斗对面料的拉伸和收缩等任务，形成具有丰富细节的三维服饰品。

　　基于智能设计系统收集大量的服饰品设计数据，包括面料、剪裁、颜色等方面的信息。智能系统使用机器学习算法对这些数据进行分析，提取出其中的规律和特征，基于分析结果，智能系统根据设计师指令，在相对主动且具备多种选择的状态下，生成新的服饰品设计方案。例如，可以使用神经网络模型来模拟不同的面料纹理、图案和颜色组合，生成多样化的设计方案。在智能化设计过程中，通过基于元宇宙语境的 VR 技术和 AR 技术，实现对服饰品款式的实时演示和交互式体验。智能化设计研发过程中传统的平面绘图软件 Adobe Illustrator、Adobe Photoshop，以及结构制板设计 CAD 同步，配合三维建模设计绘图软件，配合智能量体试衣系统，形成元宇宙语境下的智能实时设计出图系统，设计师的快速手稿、灵感图、线稿在元宇宙语境中能快速体现为效果逼真的、完整的新设计，数据同时切换为纸格，实现同步纸格切割。凌迪 Style 3D 主要提供自主仿真引擎的底层技术服务以及产品链级工业软件，打造以科技为驱动的服饰品 3D 设计一体化协同平台，成为数字时尚的基础工具。凌迪 Style 3D 从面料测量、仿真设计、退款审款、在线改板、商品展示到直连生产，从订单的产生开始，到最后成衣穿在客户身上，整个完整过程都可以在线上利用数字技术完成，实现降本提效、避免非必要浪费、实现无限创意的目的（图4-3）。

图 4-3　凌迪 Style 3D 时尚数字化服务平台

设计师使用基于元宇宙语境的 VR 技术进行新款试穿，帮助设计师更好地了解设计的尺寸、比例和整体效果，结合大数据分析技术和用户反馈信息等手段，为设计师提供更加精准的款式、廓型、板型设计参考和建议，设计师基于提示进行调整，同时通过引入自动化控制系统和机器人技术，实现对服饰品纸样、纸格、板型的快速修改和优化，提高纸样设计的效率和质量。

在服饰品智能化设计表达环节，人工智能设计的融合模式以个性化服务为导向，可以分为智能辅助设计、智能复制设计、智能搭配设计、智能完全设计。智能辅助设计被大多数设计师所认可，客户可根据自己喜爱自由挑选款式、色彩、饰物等，由设计师完成服饰品设计，客户可以根据元宇宙语境下的VR试衣效果进行款式或色彩、饰品的局部或整体修正。

一部分研究者认为，人工智能时尚设计可替代设计师80%以上的工作。2019年，美国麻省理工学院研究团队基于人工智能技术的生成对抗网络模型进行服饰品设计，模型设计出两个神经网络，通过一个生成、一个判断进行博弈。例如，在连衣裙的设计上，研究人员收集了大约五千张过去的连衣裙时装样式的图片大数据，一个为生成模型，一个为相对抗的判断模型，通过几天的训练，就可得到新设计的连衣裙时装样式。[1]2022年，广东爱斯达智能科技有限公司推出智能裁缝平台，采用客户与设计师绑定的智能辅助设计模式，从流水线生产端即时获取设计端数据，量体裁衣，客户从互联网下单到收货，只需3～5天。爱斯达自建人体数据模型库，板型数据建模，实现远程在线采集数据、一人一码一板，拥有二十五万个人体数据，获得三千六百个代表性人体数据样本，可以远程为私人设计在线定制服务。爱斯达BMS智能生产管理系统，已将从产品下单、原材料选择、智能裁缝加工到最后成品出库的所有数据打通。人工智能语境下的与服饰品设计，利用多种软件硬件合成智能平台，融入大型数据库，实现服装设计、个性推荐、虚拟试衣、智能预测等自动功能。

基于三维扫描技术的服饰品设计表达成为应用人工智能大模型的热点方向，创建物理产品的三维扫描可能很耗时，若使用传统扫描法，如基于摄影测量的应用程序和扫描仪，可能需要数小时甚至数天的时间才能成图，且效果不稳定。三维扫描与人工智能技术相结合快速成图成为热点，总部位于意大利的初创公司Covision Media利用AI和NVIDIA RTX来增强3D扫描过程和基于三维的内容创建，该团队开发了基于人工智能的三维扫描仪，允许客户创建任何产品的数字双胞胎，包括鞋类、眼镜、运动设备、玩具、工具和家居用品。该公司是英伟达初创加速计划（NVIDIA Inception）的成员，使用Covision Media的技术，客户可以快速创建三维扫描，并自动保存详细的纹理、材料、颜色、几何图形，生成逼真的图纸图像。该技术在NVIDIA RTX上运行，用户可以创建高质量、详细、逼真的3D模型，Covision Media还使用神经辐射场（NeRF）来提高三维模型的质量，同时应对准确捕捉光线、反射和透明表面等典型挑战，图4-4为该团队的实战创作成果。

---

❶ 闻力生. 服装智能制造需用好数据资产［J］. 纺织科学研究，2022（3）：34.

图 4-4 　Covision Media 团队的实践创作成果( AI 生成)

## 六、Footwearology 团队的运动鞋智能设计

由美国工业设计师协会（Industrial Designers Society of America，IDSA）发起的工业设计与新兴科技－模糊的界限 3.0（Blurred Lines 3.0 Industrial Design &Emerging Technology）2022 年 11 月专业讨论会议上，Footwearology 品牌和实验室的创始人之一的尼古连·范·恩特（Nicoline Van Enter）分享展示了运用人工智能生产制造鞋类产品，并为鞋类制造商提供解决方案。该公司目前主要运用 Dall-E 和 Midjourney 作为主要的人工智能工具，探索应用于鞋类产品研发。尼古连·范·恩特认为，现在并不担心科技以及人工智能的飞速发展，人工智能在未来短时间内快速发展是必然的。作为鞋类设计公司，他们更关心设计师所处角色的改变，以及新的工作方式的改变。他们演示了公司在面对新的客户时，短时间内用相同的提示词分别在 Dall-E 和 Midjourney 上生成款式图片，这些图片可帮助客户对运动鞋产生一个直观的感受。该系统在短时间内例如 10 分钟，生成 1500 个设计图片后，设计师需要根据客户喜好和要求输入准确的词汇与词组，然后在大量的图片中选择出更契合客户喜好且能进一步发展的设计图片。这时候设计师就需要考虑生产需求、了解参数化标准，以及产业链生态的可持续性。设计师需在众多相同设计的人工智能图片中选择最好或最优的设计作为产品

方案（图4-5），这时要求设计师能够从商业角度考量和生产技术考量，不仅仅需要考虑到生产需求、了解参数化标准，还需要了解产业链生态的可持续性。

图4-5　Dall-E 和 Midjourney 生成的鞋创意方案（AI 生成）

## 七、元宇宙语境下的智能虚拟试衣

智能虚拟试衣是一种基于人工智能技术的新型试衣方式，虚拟现实技术与元宇宙场景不断深入融合，现实中的用户具体身型数据与元宇宙世界里服饰品模型进行匹配，实现在不穿衣服的情况下，让用户"试穿"不同款式的服饰品。智能虚拟试衣的优点在于可以大大减少试衣的时间和成本，同时也可以避免因试衣不当而导致的浪费和不必要的消费。智能虚拟试衣还可以提供更加个性化的试衣体验，不受时间、空间的限制，让用户更好地了解自己的身型特点和喜好，从而更好地选择适合自己的服饰品。智能虚拟试衣可以作为线上消费者购买服装的决策工具，令消费者在网络购物过程中获得较为真实的试衣感受。通过人脸识别、图像识别等技术，使消费者能够感受到服饰品的实际穿着效果，有助于消费者作出购买决策，提高消费者的购物满意度，增加所购买服装的合体性，减少购买时间成本。元宇宙语境下的虚拟试衣间，是数字技术与时尚消费深度融合的产物，打破了时间和空间的限制。通过构建与真实用户相似的虚拟人体模型，并模拟面料的外观与运动特性，实现服装的立体展示和动态试穿效果。能根据用户的体型特征进行多维度局部调整，基于3D建模和虚拟现实技术能够实现服装细节以及全方位的试穿效果预览，增强用户的沉浸感和满意度（图4-6）。

图4-6　某品牌的元宇宙语境试衣间

美国时尚品牌盖尔斯（Guess）通过智慧门店、数据银行、IBA系统，将新零售概念触达给客户。通过人工智能、大数据，重塑客户在店里的体验，以智能虚拟试衣为撬动点，更好地为客户提供服务以及提高客户的参与度。

智能化虚拟试衣系统包含智能人体建模和智能服饰品模拟两个部分，智能化主要体现在实现云端大数据支撑，人体建模目前采用较为广泛的是实体建模和曲面建模两种形式，实体建模不仅对三维人体表面进行描述，而且对模型内部进行实心填充。服饰品模拟通常采用拍照、贴图和动画三种模式。拍照模式指系统对用户和服装分别拍照后合成试衣图片，这种模式响应时间短，但试衣真实性欠缺。贴图模式指制作服饰品的二维图片并利用体感技术捕捉用户的动作，用户抓取完成后，将制作好的二维图片放置在人体上。在这种模式下，服饰品可以跟随用户的动作而改变，但通常只能展示服饰品的正面效果。动画模式指系统为人体和服饰品做出动画模型，用户选择喜欢的服饰品并输入自己的体型数据，系统根据用户自定义的体型数据改变人体模型。试衣屏幕上能够全景展出动态的试衣效果，如转圈、跑跳等，这种方式模拟真实，代入感很强。

虚拟试衣是人工智能、元宇宙语境下服饰品设计及个性定制的发展方向，有助于消费者做出购买决策，提高消费者的购物满意度，增加所购买服装的合体性，减少时间成本。商家将虚拟试衣服务运用到自己的店铺中，帮助消费者选购合身、合适的商品，优化了购物流程，提高了顾客满意度，促成了商品交易，获取了更多的经济利益（图4-7）。

图 4-7　某品牌的元宇宙语境试衣间

## 八、智能设计助理

服饰品智能设计助理可提供面向设计师的专业支撑或面向消费者的自助设计体验支撑，专业支撑主要根据设计师给出的条件，大模型给出若干设计的建议，如造型、色彩、面料、板型等。智能搭配设计更适用于与普通消费者有关的自助设计场景，适合大多数顾客操作应用，其虚拟搭配功能能够让客户找到自己喜爱的时尚服饰，特别是在电商平台上浏览到适合自己的衣服后，轻点手指或移动目光便可以轻松进行试穿，准确判断衣服的颜色、尺寸、风格是否适合自己。智能设计助理根据时尚和客户提供的个人信息，综合客户的愿望或是前卫、高雅，或是复古、唯美等，给出相关提示的消费者可依照人工智能提示，选择相应的配饰或上衣、下衣、帽、鞋、内衣。这如同谷歌智能自行车可根据客户要求而自行导航设计路线一样方便。智能设计完全不让客户操心，可为客户选择多种设计方案并给予最佳选择。尤其是特殊群体，可以委托人工智能设计，专业设计人员或专家则只是局部稍作调整。如谷歌与德国电商扎兰多（Zalando）共同研发的人工智能服饰设计产品缪斯计划（Project Muse），它向用户提出一些问题，收集其偏好取向后，便为用户设计出相应服饰，其项目受用户的品位、美感等人工智能难以控制的因素限制，尚处于初级研发阶段。

服饰品智能设计与研发模块的成熟度主要体现在服饰品设计与研发的智能化程度，以及各流程无缝对接的能力。智能设计与研发的四个一级影响因素，包括服饰品款式设计、服饰

品结构设计、服饰品工艺设计、系统集成。❶

通过利用JUNO号发回的数百张壮美的木星影像，华中科技大学建筑与城市规划学院副院长蔡新元教授训练出一个极富创意能力的人工智能系统，并利用这个数字创意系统，设计了独具魅力的女装系列《木星》（图4-8）。

图 4-8　蔡新元教授设计的《木星》系列

## 九、智能板房

在服饰品研发制板工序中利用数字化技术，将传统的制板工作流程进行智能化改造，实现智能化工作模式，包括打板（出纸样）、放码、车缝样品。智能化体现在客户管理系统、智能设计研发系统、智能人体数据采集系统、量体数据处理系统、智能打板与裁剪系统。智能板房提升了新产品研发效率，减少了人力、资源消耗。力克系统（上海）有限公司推出莫达里斯大师级（Modaris Expert）服饰设计制板软件，实现设计师轻松地管理、存储、检索和利用服装开发原型库的重要电子资料，帮助企业加快产品开发过程。实现低价值任务的智能化，设计师能够投入更多的时间去设计全新、有趣的样板，而不是进行冗长的样板调整和质量控制工作，板片之间的联动最大限度减少了重复劳动，智能化的联动功能可以在更改板片的同时确保原有的合身性，对于所有制板软件用户（甚至是新用户）而言，整个操作过程

❶ 杨向宇，杜劲松，凌军. 服装智能制造能力成熟度的影响因素［J］. 纺织高校基础科学学报，2019，32（4）：378-384.

·
智能服饰品设计创意与表现

都十分简单，实现短时间内交付合身且高质量的产品。

服饰品制板、出格工作将设计师的设计图纸转化为纸样纸格，支撑后续的裁料缝制，包括各种细节和尺寸的标注。板房使用CAD或手工绘图工具，根据设计师的要求绘制款式图纸，根据图纸要求将纸样纸格转化为服饰品实物。这个过程因服饰品类不同而需要使用不同设备，如服装制作常用的平缝机、码边机、绣花机等，箱包鞋靴等皮革类服饰品制作常用的DY车、裁皮机、高车、柱车、罗拉车、成型机等，首饰制作常用的模具、浇铸设备、切割设备、打磨设备等。板房按照制板图样进行裁剪、缝合、装饰等操作，需要注意细节处理和质量控制，确保每一件服饰品都符合设计师的要求和标准。服饰品制板智能化围绕上述工序与环节，涉及CAD技术的应用，以及AI在服装设计和生产过程中的集成。CAD技术利用计算机的数值模拟、决策优化和人机交互等技术，使得设计和制板过程更加高效和精确。智能板房通过大数据分析消费者行为和市场趋势，结合新技术如3D打印、智能面料系统，实现个性化和定制化的服饰品设计。智能板房帮助设计师快速将创意转化为实际的设计，提供前所未有的定制水平和速度。智能布料排板系统通过优化算法解决布料排板中的色差、瑕疵等问题，提高布料利用率和排板效率。智能板房的数字化技术可以简化制板过程，减少对经验的依赖，实现三维造型与二维平面转化的可视化，提高制板的准确率和效率。服饰品制板智能化不仅能够提升设计和生产效率，还能够响应市场的个性化需求，推动服装行业的创新和发展。随着技术的不断进步，未来的服饰品制板可能会更加依赖于智能系统，从而实现更高水平的自动化和个性化。

第五章

# 服饰品智能制造与营销

有别于工业化、机械化模式，服饰品产业智能制造与智能营销，以大数据为基础、以网络互联为支撑、以人工智能技术为应用，以智能工厂为载体、以关键环节智能化为核心，将智能化设计研发、智能化制造物流、智能化营销服务三者相结合，形成了新时期服饰品产业智能化。

服饰品智能制造模式的核心是在整条价值链中随着需求波动可以调节生产的多少、调节产品质量标准的高低，对市场有灵动的适应性。服饰品产业与科技的结合是必然的，人工智能在服饰品智能制造方面将会不断升级迭代，提升人们的生产生活质量。从替代手工生产到分析消费心理和预测流行趋势，人工智能让服饰品设计拥有了无限的可能性，能够迎合快节奏时代的发展，给人们提供更加舒适、便利的生活服务，并且具有良好的市场发展前景❶（图5-1）。

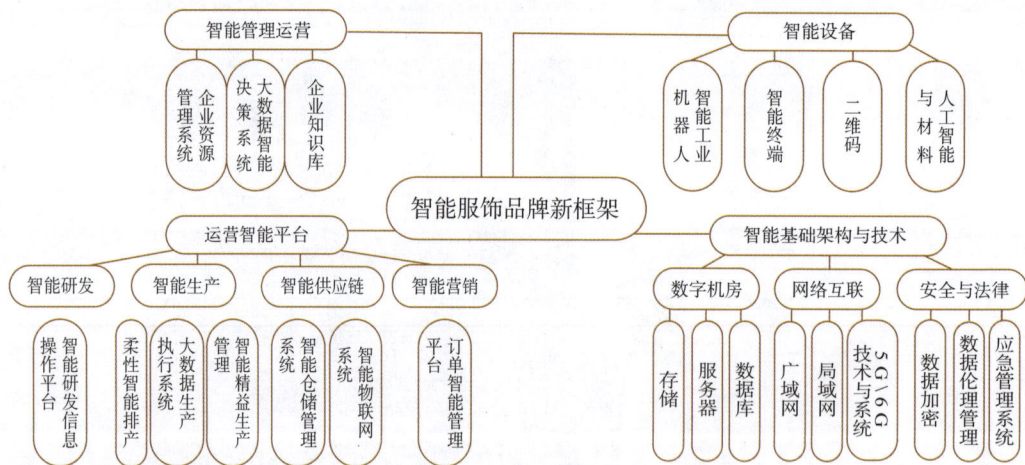

图5-1 服饰产业、品牌智能制造与营销框架 ①

① 任若安，沈雷，李雪，等.服装产业智能化营销渠道的转型升级现状及其趋势[J].毛纺科技，2021，49（12）：98-103.

# 第一节　构建产业化思维，全面了解制造端与营销端

服饰品牌商业运行包括设计研发、生产制造、仓储物流、营销服务，四大主要环节的高

---

❶ 熊玮，周莉.试论人工智能技术下智能服装的发展前景[J].西部皮革，2018，40（17）：112-113.

智能服饰品设计创意与表现

效配合，实现了企业的盈利与发展。新形势要求设计师不断拓宽专业边界，持续构建跨界思维，具备全面的全行业、全流程专业认知。生产制造、仓储物流、营销服务都是设计研发的后续工序，前端的设计工作并不是拘囿于小范围的设计画图，设计师需要将目光投向全产业链。设计师的效益逻辑不能仅停留在收取设计服务费上，应了解全产业链的运作与发展，特别是精细与微妙之处，才有可能全局把控、找到差异、找到价值点，反促设计师呈现更具竞争力的设计成果。设计研发的效益与生产物流、营销售后挂钩，营销业绩与设计研发工作的回报挂钩，新产品满足消费者需求、获得市场认可、完成足够盈利才是设计研发工作的终点。服饰品设计师考虑美学和创意的同时，还需关注、了解智能制造技术优势，深入生产制造现场与营销售后现场，切身了解一线的实际情况。如了解智能制造设备的能力、材料加工的技术限制以及生产工艺的精度，了解智能制造模式下不同生产工艺的效率与成本。

## 第二节　服饰品智能制造

智能化是制造业的发展趋势，以智能技术迭代机械化设备，提高生产效率、降低成本、提高产品质量和可靠性。智能工厂是实现智能制造的重要载体，通过构建智能化生产系统、网络化分布生产设施，实现生产过程的智能化。智能工厂具有主动性，可以采集、分析、判断、规划。制造业的智能化不仅仅是要"制造"环节的智能化，更是要注重研发、生产、供应、销售、服务等制造业全链条的串联，实现全面的智能化。这种智能化转型不仅要注重技术的应用，更要注重以智能化为载体，加快服饰品制造业生产方式和企业生态的根本性变革。

### 一、新技术与新设备支撑服饰品制造智能化

新技术和新设备是支撑服饰品制造智能化发展的核心，企业通过建立大数据分析平台，实现对销售数据的实时监测和分析，优化生产计划和库存管理，数字化技术优化了管理和决策，智能化技术则推动了生产方式的根本性变革。人口老龄化使得用工成本增加，倒逼制造业用机器人替代人工，2012年浙江省率先提出"四换"工程，"机器换人、腾笼换鸟、空间换地、电商换市"，其中以"机器换人"工程为首，机器换人中的机器须智能化，以智能机器人换人，这将成为制造业生产高效、高质、高满意度的企业运行新常态。

服饰品工业化生产通常采用规模机械化流水线模式，把平面料片进行缝合制成成品的过程，主要生产环节包括面料裁剪、裁片缝合、一体成型、整烫后整、成品检验。服饰品智能制造是指利用计算机、传感器、控制器、人工智能技术实现智能化生产，应用于服装、箱包、鞋帽行业，以提高生产效率，降低成本。智能化服饰品生产制造系统建设，包括智能化客户订单管理系统、元宇宙人体数据采集系统、智能打板与裁剪系统、智能缝制成型系统、智能分拣系统、智能整烫系统、智能物流配送系统。

利用智能技术，将生产过程中的各个环节进行数字化、网络化、智能化的改造和升级，实现生产过程的自动化、智能化和高效化，从而提高生产效率、降低生产成本、提高产品质量和可靠性，实现可持续发展的生产方式。智能制造在演进发展中呈现三种基本范式：一是数字化制造，是智能制造的第一种基本范式，也可以称为第一代智能制造；二是互联网＋制造，它实质上是"互联网＋数字化制造"，是智能制造的第二种基本范式，也可以称为第二代智能制造；三是新一代智能制造，这是智能制造的第三种基本范式，新一代人工智能技术和先进制造技术的深度融合。新一代智能制造是大系统，主要由智能产品、智能生产、智能服务三大功能系统以及智能制造云和工业智联网集合而成。智能制造云和工业智联网是支撑新一代智能制造系统的基础，将为新一代智能制造生产力和生产方式的变革，提供发展空间和可靠保障。❶

工业 4.0 的理念是将传统制造业转变为智慧工厂，人工智能技术在服饰品生产制造过程中扮演越来越重要的角色。经济和社会发展第十四个五年规划和 2035 年远景目标纲要多处谈到智能制造产业升级，对智能制造的相关论述强调了该领域的发展规划和实施要求，智能制造将成为制造业转型升级的关键方向。

在纺织服装、皮具箱包、鞋履鞋靴、帽饰手套、腰带围巾、首饰饰品等一系列服饰品类产业中，智能化被看作抓住发展机遇的关键。智能制造主要由智能设备、智能工厂、智能产品三大部分构成，当前很多企业在数字化、网络化改造方面已经形成了比较成熟的模式。智能制造的大面积推广和向更高层次的发展仍存在许多困难和挑战，如投入大、不确定因素多等。

## （一）智能生产管理系统

制造企业通过智能化机器视觉和智能自动化技术提高生产效率和质量。美国 IBM 和德国西门子（Siemens）公司的智能制造执行系统，能够实现生产过程的信息化管理和控制，提高生产效率。国内智能制造品牌才匠智能开发了 CJ-AIOT 平台，管理者可以在该平台上

---

❶ 周济. 未来 20 年是智能制造发展的关键期［J］. 财经界，2018（34）：38.

实时看到工厂的实际工作情况和产能分布，即使不在车间也能随时获取这些信息，有助于提升工作效率和决策精准性，降低生产成本。才匠智能的解决方案打破了空间限制，实现了国内外多处生产基地的协同管理。不同生产基地的数据不再是孤立的，管理层可以获得全面的数据视图，实现协同管理。

### （二）智能化3D数字技术全面介入服饰品制造

智能化3D数字技术在创建服饰品的三维模型，并进行虚拟试穿和细节调整方面有着独特优势，大大减少了样品制作的时间成本。利用3D技术、数字孪生技术，在计算机上创建服装的三维模型，进行虚拟试穿和细节调整，创建一个实体物品的虚拟复制品，能够实时反映真实物品的状态。智能化3D数字技术加速了设计研发团队与制造工厂配合的新模态，设计与制造之间的时空间隙不断缩小。通过智能化3D数字技术，制造过程中有详细的模拟环境来测试和验证设计，以及预测产品在实际生产后的性能，实现精细化控制管理。通过集成物理模型、传感器数据更新等技术，智能化3D数字技术有助于提高供应链的透明度和管理效率。智能化3D数字技术改变了原料配送、生产和物流的流程。

### （三）智能机器人全面介入服饰品制造

在服饰品生产制造领域，智能人形机器人的介入带来了诸多变革，其可以替代部分人力，减少企业的人力成本。智能人形机器人具有高度的自动化和智能化水平，可在短时间内完成大量的生产任务，可以根据生产需求进行灵活调整，适应各种生产环境，提高生产效率。机器人在生产过程中的稳定性和准确性也有助于降低生产成本，机器人具有较高的精确度和稳定性，可通过数据分析优化生产过程。智能人形机器人可以实现绿色生产，减少能源消耗和环境污染，提升企业社会责任、企业形象、品牌价值。

智能机器人在服饰品生产制造一线承担着多种任务，如物料提取、搬运、输送等，代替人操作设备，以"人—智能机器人—智能机器"三位一体组成模块式工位。机器人特质有以下几类：执行预先编程好的固定任务，没有自主学习和决策能力的无智能人形机器人。具备一定的自主学习和决策能力，可以根据环境的变化做出一些简单的判断和反应的有限智能人形机器人。通过不断的试错和奖励机制来学习，并根据学习到的知识和经验做出决策的强化学习人形机器人。可适应更复杂的环境和任务，具备高度的自主学习和认知能力，可主动获取和理解信息，并根据情境做出灵活决策的自主学习人形机器人，它们可以适应各种复杂的任务和环境，能够与人类进行自然的交互和对话。大连蒂艾斯科技发展股份有限公司的EX系列人形机器人有着高度逼真的外观和面部表情，具备智能表情和灵巧手部动作，被广泛应用于各种场景，如老人陪护、企业前台、政务服务、儿童教育以及商业活动等（图5-2）。

## 二、智能化设备与系统

### （一）智能裁床

裁床系统在服饰品制造环节的发展趋势表现为智能化、自动化、数据驱动三结合，利用智能数字技术进行排料计算，规划更合理，能够提高利用率，降低成本。通过免模生产方式和一体化作业流程，智能裁床系统有助于缩短产品的制造周期，从而加快新品上市的速

图 5-2　EX 系列人形机器人

度。智能裁床系统利用激光技术提高裁剪的精度，确保部件的尺寸和形状符合设计要求，根据不同面料类型，选择合适的切割刀具，如高速主动圆刀、剪口模块、钻孔等，以满足多样化的切割需求。尽管有这些进步，完全的裁剪智能化仍然是一个挑战，服饰品生产过程涉及多种复杂工艺，每一种材料和设计都需要特定的处理方法。

为避免积压过多库存或出现面料短缺，提高面料使用率，基于几何图形算法的智能算料通过自定义计算条件，能够快速、准确地评估面料需求并优化管理排料处理流程，适应不断变化的生产活动，通过并行计算和自主选择返回时间来管理周期性高峰、平衡工作量和生产计划，处理大批量面料采购和预生产，优化组织工作量。例如，上海百琪迈科技（集团）有限公司的超级用料核算系统，运用智能几何图形的算法与人性化的系统功能创新，解决了人工排唛架对熟练工的依赖，原料使用率节约2%～5%，排唛架计算效率提升50%，可节约人工成本50%。合肥奥瑞数控科技有限公司研发的奥瑞智能服装CAD系统、服装模板工艺系统、全自动铺布机、服装吊挂流水线设备等全新的智能化缝制软硬件，为服装智能化生产制造打下了良好基础。美国格柏（Gerber）和法国力克（Lectra）公司生产的自动化裁剪机，能够实现高精度、高效率的布料裁剪，减少浪费。法国力克公司的3D智能扫描技术能够准确捕捉物体的形状和尺寸，通过3D模拟软件，可以在计算机上对物品进行修改和调整。根据3D模型数据，系统自动规划最佳的裁剪路径，以减少材料浪费并提高生产效率，通过精确控制裁剪深度，实现多层材料的同步裁剪，无论是纺织品、皮革还是工业面料，力克的解决方案都能应对各种材质的裁剪需求。广州市艾维斯机电科技有限公司的艾维斯裁剪机结合了CAD/COST/CAM/MOVER系统集成技术，这些都是现代智能制造领域中的关键技术和系统。在自动化和数字化的基础上，增加了智能感知、智能识别以及智能信息传输等功能，这些功能的加入使得裁剪过程更加精准和高效。与传统手工裁剪相比，智能裁剪机可以大幅节

省时间和材料成本，这对于快速生产和成品效果的提升有着显著的正面影响。

### （二）智能缝制成型系统

智能生产组，如智能缝制机组和智能裁剪组可以精确地执行复杂的任务，日本重机（JUKI）和德国杜克普（Durkopp）公司生产的智能缝纫机，能智能识别布料厚度、自动调整线张力、自动剪线等，提高生产效率和产品质量。

#### 1.智能吊挂系统

智能吊挂系统是一种智能化服饰品生产流水线，围绕企业生产数据、管理软件、电子技术、射频识别（RFID）技术、设备自动化的先进机械传动技术构建。智能吊挂系统能够缩短生产周期、有序控制成衣产量，使传统服装行业的捆扎式生产模式得以改善。智能吊挂系统的基本原理是将整件衣服的裁片挂在衣架上，根据事先输入好的工序工段，自动送到下一道工序操作员手里，大幅度地减少搬运、绑扎、折叠等的非生产时间。当生产员工完成一个工序后，吊挂系统自动地将衣架传送到下一个工序站。浙江衣拿智能科技有限公司的衣拿臂式智能吊挂系统是一款基于设备智能化和数字化的生产流水线系统，结合先进的机械传动技术与智能化、数字化管理系统，将整件衣服的裁片挂在衣架上，在预先设定好的工序工段中，通过电脑控制系统自动将衣架送到下一道工序操作员手中，从而减少搬运、绑扎、折叠等非生产时间（图5-3）。

图5-3 衣拿臂式智能吊挂系统

#### 2.智能缝制成型

智能缝制组是一种以智能化工业缝纫机、智能机器人、操作工人组成的工作站，可自主完成各类缝制成型作业，可减少人工成本，提高生产效率。该技术利用高度校准的机器视觉系统来观察和分析织物，能够自动检测并调整面料的变形，确保缝制过程的精确性。同时，采用先进的图像处理算法，实现对织物中每根线的精确追踪。智能缝制组采用的机器视觉系统拥有比人眼更高的精度，可以在半毫米的精度内追踪到针头的位置，这对于柔软且易变形的纺织品来说至关重要。使用精密的线性制动器驱动的微型操控设备，能够以亚毫米级的精度处理布料，模仿裁缝的操作方式，优化织物的移动和处理过程。在智能缝制组的自动化生产线上，从裁剪、缝线到添加衣袖和质量检查等每一个任务都由机器人执行，极大地提高了生产效率和减少了劳动力需求。与传统生产方式相比，智能缝制组能显著提高产量。例如，一个工人8小时内可以生产669件T恤，而相同时间内机器人的产量为1142件，提高了71%的效率。

### 3.智能后整

智能后整系统集合了智能整烫系统和智能高效分拣系统，在整烫流程采用隧道式整理技术，通过蒸汽、热风等一系列自动运转程序，实现了智能熨烫及后处理，在解决"干燥防潮"难题的同时减少了人力投入。智能分拣系统集合了提升装置、动态暂存装置、自动投入装置及智能分拣系统装置，将成衣挂在设有射频自动识别设备的衣架上，提升至高空轨道，再通过投入口安装的读写器，快速采集单件服装信息，并传递给控制系统。控制系统对每件导入的服装进行数据关联，将服装流水号分配到对应的包装线上，实现了自动配对分拣，快速分拣、精准装箱，出货效率和准确性得到大幅提升。

### （三）智能物流仓储

对于智能化物流与供应链管理，人工智能技术在大数据分析方面的应用，可以优化库存管理和物流规划，减少库存积压和运输成本，提高整个供应链的效率。德国思爱普（SAP）和瑞士阿西亚·布朗·法瑞（ABB）等公司提供的智能物流与仓储系统，能够实现生产过程的自动化管理和控制，提高效率。美国NSF和比利时Asahi公司的智能检测与修复系统，能够智能检测纺织品瑕疵并修复。

服饰品智能仓储，追求的是人、设备、系统之间的紧密配合。这类物流中心的所有作业流程都是通过系统控制的，人只负责规定大的方针、战略、优先次序。每一项工作都分得很细，如卸货、上架、组托等作业。所有指令都是通过仓储管理系统（WMS）、仓库控制系统（WCS）等系统下发，在这样的环境中，人和设备的价值是等同的，都需要按照系统的规定完成各项指令。❶服饰品智能仓储是一种智能化的仓储管理方式，它利用计算机、传感器、

❶ 赵皎云.全方位的服装物流中心运营优化之道——访宝开（上海）智能物流科技有限公司常务副总裁王雷[J].物流技术与应用，2019，24（7）：105-107.

控制器等技术，对传统的仓储管理进行智能化改造，实现自动化、数字化、智能化的仓储过程。服饰品智能制造建设项目中常见的物流解决方案包括吊挂系统解决方案、仓储机器人自动搬运解决方案、自动分拣系统解决方案、自动存储系统解决方案。海康机器人为日本知名服装集团打造的智能仓储仓库项目覆盖返品仓库和成品仓库，整体面积逾1.1万平方米，设计库容超120万件，共部署181台Q3-600C智能移动机器人。场地内设置工作站15组，货架5200个，配合移动机器人工作。海康机器人智仓储管理系统iWMS-1000与客户自有系统无缝对接，完成货物拣选、出入库、盘点，实现高峰订单快速处理，轻松应对换季期的库存调度需求。深圳市海柔创新科技有限公司（Hai Robotics）为安踏成都物流中心提供了先进的仓储自动化解决方案，由25台A42C仓储机器人与6台装料机和4台卸料机构成，这些机器人能够高效完成入库整理、总拣货、库内盘点等作业。通过使用这些机器人系统，安踏成都物流中心能够在有限的空间内存放更多的货物，从而提升存储密度。该智能物流仓储是安踏集团实现其2025年战略目标的关键项目，旨在通过单聚焦、多品牌、全渠道策略来增强库存运营效率，并降低整体运营成本（图5-4）。

图5-4　海柔创新打造的安踏成都物流中心

　　智能仓储与物流是指原料存储、线边存储和成品存储，以及产线物流与产品分拣物流等，并对进出厂物流、生产过程物流进行管理，对所有货物的库存位置、库存数量进行自动定位和盘点。智能化物流管理可分为运输订单管理，运输计划、运输设备资源管理，运输线路管理和作业跟踪。智能化物流设备应具有精益化的转运设备如AGV、机器人、智能吊挂。智能化仓储管理是在仓储管理系统支撑下的智能定位、智能决策的分拣和仓储设施管理，管理内容可分为订单及库存控制、货位管理、入库与移库管理、拣选与盘点管理，物流及仓储设备。智能仓储与物流有三个一级影响因素，包括智能化物流管理、智能化仓储管理、物流及仓储装备。❶ 某服饰品牌的智能仓储执行系统能够提升仓储效率、智能化管理。通过射频识别技术、条码等手段实现对仓库内商品的实时跟踪和管理，在每一件服饰商品上贴上射频识别标签，系统可以赋予每件商品唯一的身份识别ID，实现对单件商品的及时跟踪追溯管理。系统通过对成品入库时信息的记录并与其他操作功能数据的实时对接，准确地反映出实时库存状况。系统支持智能分拣功能，可以根据订单结构给出最优的拣货策略，提高作业效能。系统使用扫码入库、拣货、出库的方式，解决了串码问题，提升了库存准确性。系统实现仓库内数据的实时共享，为企业财务及采购部门提供有效的数据信息，提高决策层决策的准确性。让仓库工作状态和结果变得更加清晰，使订单执行全过程可视，帮助管理层进行更有效的监督和调整（图5-5）。

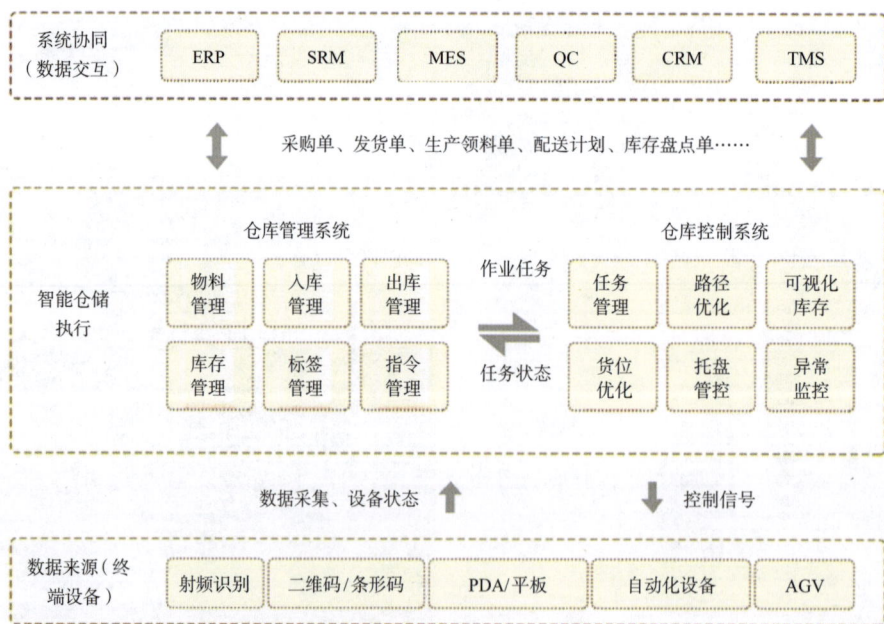

图5-5 某服饰品牌的智能仓储执行系统架构图

---

❶ 杨向宇，杜劲松，凌军. 服装智能制造能力成熟度的影响因素［J］. 纺织高校基础科学学报，2019，32（4）：378-384.

# 第三节　服饰品智能营销

人工智能技术支持智能服饰品营销迭代升级，构建以客户为中心、信息技术为基础、营销为目的、创意创新为核心、内容为依托的个性化模式。将体验、场景、感知、美学等消费者主观认知建立在文化传承、科技迭代、商业利益等企业生态文明之上，实现虚拟与现实的数字化商业创新，实现精准化营销传播、高效化市场交易。

人工智能技术驱动智能化数据营销，数据的运用方便、快捷、高效，同时为更精准、更有目的性、更具创造力的营销策略提供支持。人工智能和数字化技术推动智能营销不断发展，短视频、电商直播、私域流量等新鲜玩法层出不穷。围绕服饰品智能化营销升级，王曼琪等针对服装品牌在新媒体平台上的形象转变与发展提出了系统的方法；李雪等在此基础上针对服装品牌在新媒体环境下的营销策略进行了更加深入的研究；沈雷等将不同领域技术下智能服装的发展现状及趋势进行了系统的总结与展望。❶

服饰品智能营销在产、供、销、存、人、财、物管理的基础上，利用人工智能技术实现客户需求、产品设计、智能生产、物流、售后服务，整个供应链的业务协同、计划、控制。按照供应链管理上下游的角色进行分配，可得到智能营销的三个一级影响因素，包括供应商关系管理、客户关系管理、企业信息门户。供需关系管理进一步划分为供应商管理、采购管理、电子商务，围绕平台化的理念，实现供需关系平衡，实现订单快速响应，实现端到端的业务集成和业务的透明化，满足消费者的个性化需求。❷ 对于服饰品零售业来说，人工智能能利用时下流行的电子商务和移动商务平台，通过了解客户信息，包括客户的喜好、客户的购买记录等为客户推荐更加适合的产品，来打造真正个性化的购物体验。❸

人工智能的加入，促进了营销系统精准察觉用户需求，基于顾客数据信息开展预测分析和推荐，并根据用户需求制定个性化营销策略，提高了营销的有效性。这些需求对数据收集整合、智能化定制等多方面内容提出了要求，当前人工智能集合了大数据收集、云计算、物联网等多项功能，较好地迎合了智能营销的发展所提出的要求。

---

❶ 任若安，沈雷，李雪，等.服装产业智能化营销渠道的转型升级现状及其趋势[J].毛纺科技，2021，49（12）：98-103.

❷ 杨向宇，杜劲松，凌军.服装智能制造能力成熟度的影响因素[J].纺织高校基础科学学报，2019，32（4）：378-384.

❸ 熊玮，周莉.试论人工智能技术下智能服装的发展前景[J].西部皮革，2018，40（17）：112-113.

# 一、主动适应智能时代提升营销竞争能力

## （一）智能化营销活动提升消费体验与消费品质

服饰品牌搭建个性化智能营销活动，是品牌连接消费者、连接社会的共进发展路径，一个品牌一种模式，个性化是关键。通过机器学习，智能营销系统能够分析消费者的历史购买数据、浏览习惯和社交媒体行为，精准识别偏好。通过增强现实和虚拟现实技术，智能化营销能为消费者提供沉浸式的购物体验，如虚拟试衣间和产品演示，能够提高品牌与用户间的互动性和参与感。智能化工具能够自动处理许多常规任务，减少人为错误，提高处理速度和效率，执行大量数据分析，优化库存管理和价格策略。

## （二）智能化促进多维度营销模式建设

服饰品牌以消费者为中心，通过多样形式如标签化、算法赋能等手段，精准匹配商品、营销物料、消费者。建立高效承接机制，整合资源要素，利用数据驱动销售策略决策，借助大数据预测和分析消费者行为和潜在客户需求，帮助品牌优化销售策略。探索线上线下渠道融合模式，线下渠道向智能化转型，线上渠道凭借便捷性和个性化推荐优势持续迭代。

多源数据整合驱动营销模式升级，通过整合社交媒体行为、购买历史、在线互动系列数据，获得全面的客户视图。实时行为分析驱动营销模式升级，利用实时数据分析技术，品牌即时捕捉客户的行为变化和需求动态，快速响应市场变化。智能化时机把握驱动营销模式升级，品牌在最合适的时间向客户推送相关的营销信息，提高营销活动的时效性和精准度。事件驱动策略促进营销模式升级，通过监控特定事件或市场变化，企业可以实施事件驱动的营销策略，如在特定节日或重大活动期间推出定制化的营销活动。个性化推荐驱动营销模式升级，基于机器学习和人工智能技术，智能推荐系统可以向客户提供个性化的产品或服务建议，提升客户满意度和转化率。触点优化驱动营销模式升级，通过分析各触点的互动效果，优化客户旅程设计，提高转化率。

## （三）智能化促进营销竞争能力

### 1.智能化营销围绕商业发展展开

智能化营销与不同的商业模式结合，单一营销渠道向全渠道变革，全渠道营销成为智能化营销变革的核心，通过线上线下渗透和融合，实现消费场景和用户体验的拓展和优化，以多种方式与消费者触达，实现多触点的有效沟通，获取更多的流量资源。线上线下无界融合建立流量壁垒，实现线上服务与线下场景的全渠道无缝融合，增加消费者触点及捕获需求，在增大消费者覆盖面的同时全面提升用户体验，通过公域和私域流量的整合，建立品牌自主可控的流量壁垒。改变传统营销的单兵作战，进行合纵连横，通过智能化营销生态系统实现

精准、快速、高效、优质的服务。

供应链与营销系统协同作业角度,智能制造必然与生产和销售有机整合,顾客与生产商直接对接,消费者在网上平台挑选并设计自己满意的服装款式进行下单。例如,某时装品牌的顾客消费信息会自动生成订单并传输到企业智能营销(ERP)系统,企业智能营销系统按照款式匹配数据生成制造订单,订单信息通过系统传送到CAD系统,生成打板信息,再传送到智能裁缝系统(BMS),智能裁缝根据订单信息及打板设计图样,进行上布、裁剪、雕花等信息化流程操作,再通过全自动吊挂生产线进行裁片缝制,通过物流系统发货,整个过程省去中间环节,同时满足消费者个性化定制需求,让消费者享受到最优质的购物体验。❶

**2. 智能化营销提升品牌竞争能力**

人工智能技术赋予服饰品营销新的发展契机,它极大地改变了数字媒体与消费者互动的方式,使得品牌对消费者行为的洞察更加便利、深入。品牌营销工作也颠覆了以往手工数据分析、人工市场调研策略输出的路径。消费升级和群体心智变革下,搭建数字营销模式,打造智能数据分析成为品牌当下的新营销、新趋势。智能营销对于品牌发展的意义主要在于传播成本变得更加低廉,客户服务变得更加精准,口碑传播变得更加迅速。

## (四)服饰品智能化营销前景和趋势

人工智能技术发展迅猛,服饰品牌智能营销革新迭代尚有提升空间,企业应当因时制宜根据人工智能技术的进步调整营销策略,更加便利化、个性化、人性化,这将有助于改善品牌本身的经营情况并推动整个行业的发展。提升营销人员在技术应用方面的水平,优化企业的人才结构,吸纳和扶持善于在营销领域运用人工智能技术的管理人员和技术人员,有利于智能营销技术的开发和升级。服饰品牌在人工智能的语境下实现持续迭代营销标签体系,精准客户画像,有效把握不同人群的需求,进行精准营销,同时构建以客户需求为核心的商品体系,有效增加商品的服务属性,打造"商品+社交+服务"的一站式平台,在满足客户物资需求的基础上,通过多种社交方式挖掘其精神需求。

服饰品牌在应用人工智能的同时做好企业自身与消费者隐私保护,及时向消费者普及人工智能产品的相关知识,对于消费者来说,人工智能的威胁可能来自隐私和控制权的丢失。消费者对人工智能的了解越多,体验到的好处就越多,并且他们会对人工智能改善用户体验的新方法持更加开放的态度。品牌应提升使用人工智能的技术透明度,努力向消费者传达人工智能利于用户体验并且是获得更好服务途径的理念,同时向用户提供有关保障其隐私的措施信息。人工智能对市场营销有效实现了科技赋能,并借助大数据实现精准营销、多元营

---

❶ 杨磊,赵洪珊. 服装行业智造化模式探究 [J]. 商场现代化,2017(9):4-5.

销，推动企业智能化，带来更快的创新发展。未来智能营销或将走向千人千面的智慧营销体系，帮助品牌洞察更为精准的用户需求，全面进入智能营销时代。

## 二、智能化营销模式与系统

### （一）基于数据分析的智能营销决策

通过收集和分析大量的消费者数据，包括购买历史、浏览记录、社交媒体行为等，了解消费者的需求和偏好，从而制定更加精准的营销策略。利用大数据、人工智能和机器学习技术分析消费者行为、市场趋势和竞争对手动态，为品牌提供有针对性的营销策略建议。收集消费者行为大数据、市场趋势大数据、竞争对手动态大数据，可以来自企业内部的销售、客户关系管理和库存管理系统，也可以来自外部的、合法来源的社交媒体、电子商务平台、第三方数据提供商。人工智能营销系统对收集到的数据进行清洗、去重和整合，对清洗后的数据进行深入分析，挖掘潜在的消费者需求，分析市场趋势和竞争对手动态，包括聚类分析、关联规则挖掘、预测建模。根据结果，再生成有针对性的营销洞察，这些洞察可以帮助企业了解消费者的需求和行为、发现市场机会，以及监测竞争对手的动态。基于生成的洞察，制定有针对性的营销策略，包括产品定位、价格策略、促销策略、渠道策略，将制定的营销策略付诸实践，并通过持续的数据分析和优化，确保营销活动的效果和投资回报率。

### （二）市场推广智能化

市场推广环节的智能化是通过利用先进的信息技术和智能设备，提高市场推广效率、降低成本、优化市场推广效果。基于智能网络，通过各种渠道和营销手段，包括线上和线下的宣传推广、社交媒体、公关活动，将推广信息覆盖到社交媒体、搜索引擎、电子邮件、个人终端。智能媒体推广利用人工智能技术，对搜索广告、信息流广告和互动广告等方式进行革新。

### （三）基于数据分析的智能个性化推荐

基于数据分析的智能个性化推荐是一种利用数据分析技术，根据用户的历史行为、兴趣、偏好等信息，为用户提供个性化的推荐服务的技术。这种技术可以帮助用户更快地找到自己感兴趣的内容，提高用户的满意度和忠诚度，同时也可以为企业带来更多的商业价值。智能个性化推荐服务是通过软件工具在大数据库中尽快找到符合客户所需的服装款式、色彩、造型、搭配等。如挖兔美搭、穿衣助手、最美搜衣、穿衣打扮等服装App搭配工具。个性推荐工具解决了用户选择服装的问题，在用户没有主见的情况下进行个性化推荐，且不受地点、时间等条件限制。

收集用户的历史行为数据，包括浏览记录、搜索记录、购买记录等，对收集到的数据进行清洗和处理，去除无效数据和重复数据，确保数据的准确性和完整性，利用数据分析技术，对清洗后的数据进行分析，提取用户的兴趣、偏好等信息，并根据这些信息，采用相应的推荐算法，为用户提供个性化的推荐服务，将推荐结果展示给用户，并根据用户的反馈不断优化推荐算法和推荐内容。

智能的个性化推荐在很大程度上解决用户在选择服装时的犹豫问题，这种个性化推荐不受时间、空间的限制。类似的智能化服务已经在服装零售门店、服饰销售及搭配等领域开始应用。智能化服务与软件工具相结合，可帮助客户在大数据库中快速找到需要的服装样式以及造型、颜色、布料等内容。丹麦绫致时装（Bestseller）公司旗下品牌杰克·琼斯（Jack & Jones）智慧零售门店应用了基于人工智能的中的人脸识别技术，并拥有基于人脸识别技术的客流统计系统和可用于客户可视化个性定制服务的试衣镜系统。德国扎兰多的服饰品门店 Style GAN 系统，可帮助客户展示出指定单品混搭后穿在身上各种姿势的效果，实现可视化定制服务。❶

## （四）智慧零售门店

服饰品实体门店一度面临着三大挑战，即有门店缺客流、有客流无转化、有会员难互动。服饰品智慧门店是基于人工智能、物联网、大数据等技术手段的智能化门店，可以通过智能识别、智能导购、智能交易和智能关注等方式，提高消费者的购物体验和门店的运营效率。智慧门店意在打通线上线下的数据和营销闭环，拉平实体店零售与电商之间的营销差异和数据差异，帮助品牌强化线下和线上的融合能力，构建一个去中心化的零售生态。未来智慧门店升级之路，将以会员为中心，围绕门店数字化、数据赋能、运营赋能三个步骤展开。

## （五）智能订货系统

服饰品牌智能订货系统从商品策划、订货、库存管理、销售推广到顾客关系维护，各个环节都有相应的功能和工具，系统强调操作简便性、实用性、科学性，通过实时数据分析和个性化功能提高订货的精确度和效率，支持品牌提高运营效率和市场响应速度。

品牌建设个性化智能识别、智能导购、智能交易、智能关注方式，提高消费者的购物体验和门店的运营效率，订货系统实现数据实时掌握、订货灵活高效，方便快捷且准确率高。实现订货全流程科学管理、全程合理规划、全维度有效控制成本，实现云订货，打破地域交通限制，节省时间及接待成本，提高订货效率。智能订货系统基于大数据，深入分析数据，更准确评估订货效果，在具体操作方面取消手工录入，摆脱了限制，降低了劳动强度，提高

---

❶ 高华斌. 科技遇上时尚会发生什么？［J］. 中国纺织，2021（Z5）：46.

了效率。客户使用智能订货系统订货更加迅速、便利，提升了用户体验感，增加了客流量和订购量。

上海浪沙软件有限公司研发的服装行业智能化综合营销管理系统软件项目，整合了服装行业整个供需链的营销资源，综合了服装企业的订补货、采购、配货、物流、仓储、零售、批发、电子商务、促销、客户关系、人力资源、财务、决策支持、权限和通信控制等方面的业务和管理内容。从生产、进货、配发、零售等一系列环节对商品的流转实行全方位监控，加强了对异地分支机构和分销渠道的管理。同时，将产品在途、已销售、已分配库存等信息纳入管理，并自动维护，实现实时数据共享和业务过程的统一控制。实现业务过程与财务核算联动，实时反映往来账情况，对代理商进行信用控制，并控制业务执行，实现总账、明细账和成本核算等会计功能，并提供与专业财务软件的接口，实现业务财务一体化。可以对系统中任意数据集进行多维分析，图文并茂地显示分析结果，为决策者提供多角度、多层次、全方位决策依据。系统着重地解决了我国广大的中小型服装企业迫切需要解决的实际问题，通过对生产、进货、配发、零售等一系列环节对商品的流转实行全方位监控，提高了企业的快速反应能力和应变能力，提升了品牌管理质量，最终提高了企业的经济效益。

## （六）服务与售后智能化

服饰品牌利用自然语言处理技术和智能机器人技术，提供24小时不间断在线客服服务，参与服饰品牌服务与售后工作，通过学习语言来加强与客户的沟通、与卖家交谈。通过日常记录产品销售数据，与买家、与客户通信，管理企业与客户之间的关系，帮助卖家缩小产品的误差范围，打造买家的个性化体验。安德玛（Under Armour）投入超过7亿美元收购了多个健身应用App，旨在实现实体和数字化健身融合体验的数字化商业模式愿景。安德玛与腾讯广告、腾讯智慧零售开展战略合作，在数据分析和消费者洞察方面带来新的智能化解决方案。

服饰品牌建设智能化信息流通反馈渠道，从客户的反馈到售后服务人员接受处理，再到相关工作人员解决问题，最后再将问题处理结果反馈给客户，整个过程的信息传递必须保证通畅。智能化售后服务平台通过大数据技术，可以对售后服务数据进行分析和挖掘，预测和解决可能出现的问题，提高服务效率和质量。品牌可以利用智能化系统提升客户体验，通过提供创新的服务产品和服务模式来满足客户个性化需求，助力企业由过往以经销商为中心的被动式售后模式向主动化、智能化等服务模式转变。

# 参考文献

［1］张嘉秋，车岩鑫. 服饰品设计［M］. 北京：中国传媒大学出版社，2012.

［2］利百加·佩尔斯－弗里德曼. 智能纺织品与服装面料创新设计［M］. 赵阳，郭平建，译. 北京：中国纺织出版社，2018.

［3］丁玮. 跨学科路径下智能服装设计与教育策略研究［M］. 北京：中国纺织出版社有限公司，2021.

［4］陈根. 智能穿戴改变世界：下一轮商业浪潮［M］. 北京：电子工业出版社，2014.

［5］丁永生，吴怡之，郝矿荣，等. 智能服装理论与应用［M］. 北京：科学出版社，2013.

［6］苏巴斯·钱德拉·穆科霍达耶，塔里库尔·伊斯拉姆. 可穿戴传感器：应用、设计与实现［M］. 杨延华，邓成，译. 北京：机械工业出版社，2020.

［7］王伟. 智能穿戴设备：人工智能时代的穿戴"智"变［M］. 北京：科学技术文献出版社，2020.

［8］瓦莱莉·波登. 可穿戴设备［M］. 杨飞虎，王竞男，译. 北京：机械工业出版社，2018.

［9］斯科特·苏利文. 可穿戴设备设计［M］. 杜春晓，译. 北京：中国电力出版社，2017.

［10］李杰. 工业人工智能［M］. 刘宗长，高虹安，贾晓东，整理. 上海：上海交通大学出版社，2019.

［11］邓开发，战冰，邬春学，等. 人工智能与艺术设计［M］. 上海：华东理工大学出版社，2019.

［12］希贝尔·德伦·古勒尔，玛德琳·甘农，凯特·西基奥. 可穿戴创意设计：技术与时尚的融合［M］. 姚军，等译. 北京：机械工业出版社，2017.

［13］玛格丽特·博登. AI：人工智能的本质与未来［M］. 孙诗惠，译. 北京：中国人民大学出版社，2017.

［14］高阳，陈松灿，主编. 机器学习及其应用2017［M］. 北京：清华大学出版社，2017.

［15］KROMER R. Smart Clothes−Ideengenerierung，Bewertung und Markteinführung［M］. Wiesbaden：Gabler Verlag Springer Fachmedien Wiesbaden GmbH，2008.

［16］TONER J. Wearable Technologyin Elite Sporu−A Critical Examination［M］. New York and London. Routledge Taylor & Francis Group，2024.

［17］MOTTI V G. Wearable Interaction［M］. Melbourne：Thames & Hudson Australia，2023.

# 后　记

　　在本书的写作过程中，笔者深深体会到了时尚与科技融合的无限可能，从设计师的角度探讨论人工智能大模型、柔性电子材料与传感器的服饰化应用，或是基于元宇宙语境下的用户体验，都仿佛是在与未来对话。随着技术的不断进步，科技与时尚的深度融合，设计师们将带来更多令人惊叹的作品。智能服饰品成为日常生活的一部分，将以更加细腻、智能的方式与身体、情感乃至社会环境产生互动。书中所展现的不仅是技术的革新，更是对美好生活方式的一次次探索和想象。希望本书能带来更多观察的视角，激发设计师们的创造力，走向更加智能化、个性化的设计新境界，让时尚与科技结合的温度触及每一个人的生活。科技的不断进步和政策的持续支持，智能服饰品设计将会迎来更加广阔的发展前景，高素质、具备创新能力的服饰品设计人才，是推动这一领域发展的关键力量。期待通过本书的出版，能够为广大设计师提供有益的参考和启示，共同推动智能服饰品设计行业的繁荣与进步。

　　本书在编写过程中得到五邑大学罗坚义教授、吴秋英教授、肖劲蓉教授、谢勇副教授、陈智明博士、胡晓燕老师、梁宝文老师的鼓励与帮助，得到西安工程大学张原教授、仲恺农业工程学院尧优生副教授、广东职业技术学院江汝南教授、深圳玛丝菲尔噢姆服饰有限公司唐颢珅女士、中山市鼎元服饰有限公司曹量先生、佛山市顺德区瑞康纺织实业有限公司解恒洋先生的热情指导，以及五邑大学艺术设计学院服装与服饰设计专业2020、2021级本科生的帮助，在此一并致谢。因时间和水平有限，难免存在疏漏之处，请读者朋友指正。

作　者

2024年5月于广东江门西江之畔